ESGの視点
環境、社会、ガバナンスとリスク

勝田 悟 [著]
Katsuda Satoru

Environment, Social, Governance

中央経済社

はじめに

　環境，労働，その他社会的不条理全般に問題意識が持たれるようになってきている。日本などにおけるジェンダー差別など，慣習的になってしまっている社会的矛盾も見直されようとしている。国連では，2006年当時の事務総長，コフィー・アナン（Kofi Atta Annan）により提唱された国連責任投資原則（The United Nations-backed Principles for Responsible Investment Initiative：UN-PRI）に賛同し，世界の多くの機関投資家（投資信託機関，保険会社，年金運用機関など）が署名している。この原則では，Environment（環境），Social（社会），Governance（統治）の分野に配慮した責任投資を実施することを宣言している。ESGという言葉を世界に浸透させた大きな要因となっている。なお，コフィー・アナンは，国連職員から選出された初めての事務総長（1997年1月〜2006年12月）で，1999年に「グローバルコンパクト」を提唱し，世界的に注目された。2001年にはノーベル平和賞を受賞し，ミレニアム開発目標（MDGs）を支持している。2018年8月18日にスイスで亡くなっている。

　環境分野は，わが国の場合，公害対策に化学的な貢献が極めて大きかったこと，自然現象は，化学，生物学，物理学など学術分野の調査研究対象となっていることから，自然科学分野のイメージが強く，一種の固定観念のようになっている。しかし，環境汚染・破壊は改善，予防に関して法律，経済をはじめ社会科学的要素が大きく関係している。貧困撲滅，途上国の教育・衛生面の向上，格差解消などの社会問題対策の検討に際しても，複雑な国際関係，矛盾した慣習など，法学，経済学，政治学，社会学など社会科学的な解析と，開発に関する自然科学的要素が複雑に絡み合っている。

　したがって，ESGには，社会科学，自然科学の両方の視点が必要である。特に，わが国では，社会科学的理解が遅れており，金融面からのアクセスであるESG投資で巨大な投資を伴う機関投資家などからのプレッシャーによって企業の変革，いわゆるESG経営が始められている。企業がESGに関して情報発信する方法は，以前は非財務情報であるCSR（Corporate Social Responsibility：企業の社会的責任）レポートが一般的であったが，財務報告とまとめ統合報告書として実施されるようになってきている。すなわち，理系と文系の確執，環境や社会面での評価をしない（またはできない）新技術の普及，正常なリスクコミュニケーションがない開発などは持続可能な成長の障害となる。これまでの経済・経営分析自体チェック項目が増え，評価結果が大きく異なってくる可能性がある。

　地球は有限であり，人の欲求は無限であることに無理が生じ始めている。豊かさ，持続可能性，人の幸福，福祉のあり方を再度考え直す時期に来ている。「宇宙船地球号」をもう1つ，あるいはいくつも作り出すことは極めて難しい。現状では無理に近い。人類が生活を合理的にするために作り上げた経済のあり方を見直し，まず企業の今後のあり方を考えていくほうが妥当であろう。この検討に，ESGは最も大きな要因となる。

　本書では，ESGの中でも環境面を中心に取り上げ検討を行っている。序章で，自然資本を消費し，「もの」，「サービス」の生産を急激に拡大したことによる環境，社会への影響について取り上げ，持続可能な開発のために中長期的な対応が必要になってきた経緯を分析した。

　本文は，基本的考え方（第Ⅰ部），事例研究（第Ⅱ部）に分け，Ⅰ－1で，自然資本への影響に注目し，公害対策，持続可能な開発，詳細な検討が可能になった地域環境，国際的な対策が不可欠となってきた地球環境の変化への対処，企業経営に直接的な影響を及ぼしているエネルギー対策を述べ，Ⅰ－2で，人工物の対処として，資源の循環，再生可能な鉱物資源・エネルギー資源，SDS（Safety Data Sheet）など企業経営に関する多様な公開，商品について検討した。そして，第Ⅱ部では，個別の事例を取り上げ，ESGに関して検討が進む業界動向などを分析した。特に第Ⅱ部は，現在も個別に検討が進んでいる分野であり，注目したい分野について大学などでの議論や卒業研究などでさらに詳細に調査，研究し，現状分析していただければ幸いである。

　時間的空間的広がりの中で，ESGを向上させ，生産性を向上させるブレークスルーとして，技術開発，経験的知識，新たな社会システムの構築などの知的財産を積み重ねていく必要がある。環境分野では，企業経営の向上を目指し

た「環境効率性」指標の活用，政策的な面からの資源生産性の向上，差別・格差に問題意識を持っての適正な労働生産性の向上など，1つ1つを地道に改善していくことが期待される。これには，中長期的な計画が必要となるだろう。固定観念や特定な視点のみでの検討は回避しなければならない。

　本書をESGに関して興味を持っていただくきっかけ，または基礎的検討の一助としていただければ幸いである。

　なお，出版にあたって，株式会社中央経済社 学術書編集部編集長 杉原茂樹氏に大変お世話になりました。心からお礼を申し上げます。

2018年8月

勝田　悟

目　次

はじめに　i

序　章　持続可能な開発のために

序−1　ライフサイクルマネジメント········1
(1)生産効率と経済効率　1
(2)企業の視点　5

序−2　価値の変遷········9
(1) ESG 評価　9
(2)環境コスト　12

序−3　環境金融········16
(1)環境プロジェクトファイナンス　16
(2) TCFD　18

第Ⅰ部　ESG の基本的考え方

Ⅰ−1　自然の価値········22
Ⅰ−1−1　成長の限界　24
(1)成長による光と濃い影　24
(2)量的限界と行き過ぎた成長　27
(3)宇宙船地球号　28
(4)悲劇的結末　30

Ⅰ−1−2　資源生産性　33
(1)地球に存在する資源　33
(2)コモンズ　37
(3)生産性の向上　40

(4)資源消費の指標　45
Ⅰ-1-3　環境監視（モニタリング）　52
　　(1)基準値　52
　　(2)測定項目　57
Ⅰ-2　人工物の影響・対処 ·· 66
Ⅰ-2-1　持続可能な開発　68
　　(1)コンセプトの創造と普及　68
　　(2)SDGs　72
Ⅰ-2-2　地域環境と地球環境　78
　　(1)地域環境　79
　　(2)地球環境　92
　　(3)エネルギーと環境　104

第Ⅱ部　ESG の事例研究

Ⅱ-1　生活とインフラストラクチャー ································· 122
Ⅱ-1-1　サプライチェーン管理　122
　　(1)国際的背景　122
　　(2)中長期的視点　123
Ⅱ-1-2　衣料と食料　126
　　(1)エシカルファッション　126
　　(2)食　品　127
Ⅱ-1-3　生活と都市開発　130
　　(1)環境都市　130
　　(2)コンパクトシティ　131
　　(3)エコカー　133
　　(4)シェアリング・エコノミー　134
Ⅱ-2　材　料 ·· 136
Ⅱ-2-1　調達から廃棄　136

(1) LCA　136

　　　(2)資源調達　136

　　　(3)生　産　137

　　　(4)廃　棄　138

Ⅱ－2－2　資源循環　142

　　　(1)拡大した生産者の責任　142

　　　(2)環境設計　144

Ⅱ－3　観　光 ……………………………………………………………147
Ⅱ－3－1　持続可能な観光　147

　　　(1)世界遺産と国立公園　147

　　　(2)エコツアー　148

Ⅱ－3－2　リゾート地　151

　　　(1)役　割　151

　　　(2)リゾート地の汚染　152

　　　(3)海洋汚染　154

　　　(4)レジャー施設　156

Ⅱ－4　金　融 ……………………………………………………………157
Ⅱ－4－1　貸し手責任　157

　　　(1)事前アセスメント欠如　157

　　　(2)製造物責任　159

　　　(3)インフラ事業　161

Ⅱ－4－2　環境金融　163

　　　(1)経済リスク　163

　　　(2)金融事業　166

　　　(3)情報公開　167

おわりに―理系と文系といった無駄な確執―　173

参考文献　181

索　引　185

序　章　持続可能な開発のために

序－1　ライフサイクルマネジメント

(1) 生産効率と経済効率

　18世紀に繊維生産などで機械化による生産効率の向上が図られ，19世紀に工業製品を流れ作業で大量に生産するいわゆる大量生産が始まっている。20世紀になると自動車生産を中心としたベルトコンベアーを利用した移動組み立て法など大量生産方式が急激に進展した。大量生産は，「多くのもの，サービスが提供されることによって，人の豊かさが向上する」という考え方が根底にあり，経済成長がその傾向を推し進めていく。しかし，これは自然に存在する資源が無限にあるといった幻想に基づいており，自然資本の消費を一段と高めることになった。地下深くから環境中に新たに放出されていく化学物質（場合によっては化学反応し形を変えて拡散していく化学物質）は，地球上の物質バランスを少しずつ変化させ，生態系の中で食物連鎖の中に入り込んだり，宇宙からのエネルギー収支のバランスをも変化させてしまっている。この変化を抑えるには，もの，サービスの消費における無駄を省き，自然の循環に近づけていくことが必要である。

　経済による効率化は，商品の生産性（productivity）を高めていくこととなる。生産性とは，output（産出）／input（投入）の関係を示しており，まず労働生産性を高め商品の産出を拡大していくことが計画され，大量生産を目的としたオートメーション化が進められた。大量販売を可能にしたことで，一般公衆が安価で多くのもの，サービスを得ることができるようになり，労働者の稼働時間短縮が実現し，投資家，経営者，労働者の利益も増加した。景気が上がり，

単純に考えると社会的に豊かさが向上した。しかし，一般公衆の間で格差が広がり，環境は不可逆的変化が生じている。

その後も生産性を向上する傾向は現在も同様に進められており，すでに単純労働は次々とロボットに置き換わりつつある。さらに，AI（artificial intelligence：人工知能）の活用により，人の脳の情報処理機能を超えた労働も次々とその役割を代替してきている。他方，利益率を向上するための経営改善でも労働時間の削減が進められ，人の労働の範囲は狭まっていくだろう。今後もさまざまな分野において機械による労働力の確保は増加し，経営効率の向上による人の労働量の削減とが相乗的に進められ，労働生産性（Labor Productivity）をさらに高めていくことになると予想される。しかし，不足した労働者を補充するのではなく，現労働者を置き換えることになると，労働生産性が向上しても失業者が増加する可能性が高まることにもなる。こうなると技術を利用する側と置き換わられる側（仕事を奪われる側）で格差が一層広がり，社会システムの改善が迫られるおそれもある。また，サービス残業によって見かけ上，労働生産性が上がるような悪質な経営管理が誘発されることも懸念される。

わが国では多くの労働者がサービス残業に従事しているが，先進国の中では極めて低い労働生産性となっている（2017年[1]）。24時間営業や過剰なサービス，昔からの日本式サービスとインターネットに代表されるような無駄を極力省いた販売などの混在があるからと考えられる。業務内容に応じた業務のあり方，経営のあり方を再度見直す時期になっており，新たな技術の利用がその有力な手法となっている。前述の悪質な経営の改善，労働安全衛生の向上につながる可能性を持っている。ただし，労働者から仕事を奪う心配も拭いきれず，諸刃の剣であろう。

また，農業の工業化においては，化学肥料，農薬，機械化などによって，飛躍的に生産性が高まり，機械の大型化・大規模農業で自動車の大量生産と同様に生産物のコストの大幅な低下を実現させ，世界中に安価な農作物を提供することを実現している。この傾向は国内だけにとどまらず，ロックフェラー財団が1941年から主導した「緑の革命」[2]で世界中に拡大した。その結果，特に経済力のある国は，外国為替相場（the exchange rate）が優位に働くため，経

済力の低い国から大量に農作物・換金作物を輸入することによって，さらに高い豊かさを得ることが可能になっている。ただし，近代農業による農業技術の向上によって農業生産性は向上したが，失業者を増やす結果も生じさせている。職を失った農業従事者（特に小作人）は世界各地に増え，ホームレスの増加といった社会問題（極端な格差社会）となっている。

近代農業では，また，過剰な化学肥料，農薬の使用で，環境中の物質バランスを変え，農地，生態系の変化，あるいは環境破壊も引き起こしている。食料の増加による豊かさを拡大させると同時に，将来の持続性を危うくさせる事態ともなっている。職を失った労働者への対処，環境への影響評価・改善はおざなりにされている。さらに，廃棄食品の増加による富栄養化などの環境異変，畜産業で大量消費される農作物・糞尿などによる土壌汚染，遺伝子を人工的に操作する技術（遺伝子組換え技術，遺伝子融合）の普及によるリスクのおそれなども懸念されている。

さらに農業の収益または利益を向上させるには，近代農業の技術は不可欠であり，商品が生み出すサービスを増加させることが必要となる。しかし，人の欲求は，安定し，安価にした食料だけでは満足せず，食べたいものを季節，場所に関係なく手に入れることが豊かさ，または贅沢と見なされるようになって

図1　自然に従って夏に実り始めたトマト

いる。残留化学農薬などのリスクが少ない有機農作物も,「安全」といった付加価値が高い作物になっている。飼料,生育,寿命までも人工的に管理された畜産物,養殖水産物も付加価値が高い食物として生産できるようになった。

　不自然な環境の中で生育し高価になった作物,畜産物,海産物は,管理(暖房,冷房など温度状況を生み出すため)に大量のエネルギーが使われている。多くは安価な化石燃料が使用されている。場合によっては,温泉や地熱(温熱,冷熱)なども使われているがわずかである。季節を無視した付加価値が高い食品は,国内の格差,国力の違いによって,国内外に遠くに運ばれている。鮮度が必要なものは,飛行機によって運ばれ莫大なエネルギーも使用される。温室育ちのトマトやいちごなどは,露地物より多く栽培され,極めて遠くのお客の元へと運ばれる。コーヒーやオレンジジュースなど,季節,場所に関係なく販売されていることに,先進国の人は何の疑問も持たない。利益が確保できれば企業経営としては成功となる。このような人の豊かさは幻想であり,地球の歴史の中の一瞬にすぎないだろう。ESGを長期的に考える場合,不自然を作り出して大きな利益を生んでいる現在のビジネスに対する価値観を変えなければ,本当の持続可能な開発にはたどり着けないだろう。ただし,現在のビジネスマンは,目の前の世界に固定観念ができあがっているため,変化させることはかなり難しい。

　他方,人類による鉱山採掘以後,有害物質による大気汚染,水質汚濁,土壌汚染がはじまり,化石燃料を使用してから温室効果ガスが増加し,人工物であ

図2　世界最大の原子力発電所(柏崎刈羽原子力発電所:2018年8月現在)

るフロン類（Chlorofluorocarbons：CFCs）などがオゾン層を破壊し有害な紫外線を増加させている。さらに，1938年にドイツの科学者オットー・ハーン（Otto Hahn）らによって原子核分裂が発見され，1942年にイタリアの科学者エンリコ・フェルミ（Enrico Fermi）がシカゴ大学で世界最初の原子炉「シカゴ・パイル1号」（核分裂：現在の原子力発電所発電方式）を完成させてから核エネルギーの利用が拡大し，人工的に生成した放射性物質（プルトニウム239，セシウム137，クリプトン85など）を地上に増加させ続けている。核融合開発はさらにこの傾向を高める。アインシュタインによって主張された関係式 $E=mc^2$[3]や近年研究が進む素粒子理論など，未だ十分に自然科学的知見が解明されていない。

　ダークマター，ダークエネルギーなどこれからの研究が期待されるものもあり，身近に存在する世界はわからないことが無数にある。いわゆる未知のリスクが存在することは確かであるが，人が知的生物である以上，科学・技術の発展（知的財産の拡大・進展）を否定するものではない。ただし，実用化または普及段階に至る前に可能な限りリスクの事前評価が不可欠である。

(2) 企業の視点

　企業活動は，これまでは消費者に必要な「もの」，「サービス」を商品として提供し，社会的責任を果たしてきたが，資源採取による環境破壊，成長の限界が1970年頃から世界的に疑問視され始め，「持続可能な開発（Sustainable Development）」が求められるようになってきた。これまでも生産性を向上させた企業の一部は，利益の社会還元としてフィランソロピー（philanthropy：慈善活動），メセナ（芸術・文化の庇護）活動を行っている。また，企業は，品質のよい商品を安定的に供給することが最も重要な社会的な責任である。しかし，環境分野では，多量に生産された商品（もの，サービス）が，時間的，空間的な広がりの中で環境の物質バランスを崩し，人々の生活へ直接または間接的に影響を与えるようになっている。したがって，これまで注目されることがあまりなかった商品の原料採取，製造，さらに使用済製品を自然環境へ戻す際の責任も必要となっている。これを実行するには，サプライチェーンおよび販

売後の使用済商品の回収，処理・処分まで管理しなければならない。いわゆるライフサイクルアセスメント（Life Cycle Assessment：以下，LCAとする）の重要性が高まっている。

しかし，会社内外での社会的責任を無視した優越的立場の乱用は，世界各地で後を絶たず，現場に則した国際条約，法令の制定，業界・企業の自主規定は不可欠である。後を絶たない独占禁止法違反は，ライフサイクルマネジメント（Life Cycle Management：以下，LCMとする。）の欠陥を露呈していることになり，容易に企業経営の失敗を検出できる評価項目である。

社会システム面としても，途上国と先進国の格差，格差社会における貧困，差別，奴隷的労働をはじめ，明らかな社会的矛盾について「間違っている」ことを是正する機運が高まっている。まだ，少しだけであるが「おかしい」ことをおかしいと言えるようになってきている。さまざまなハラスメント（harassment）も防止対策が進められてきている。虎の威を借りる狐ような陰湿なパワーハラスメントも注目されつつあり，今後も悪質な行為はためらわず法廷の場で明確に罰していく必要があるだろう。ただし，「フェア」という言葉の明確なコンセンサス（または，公平の基礎となる標準）がないと，特定の者の自己中心的な意図に導かれてしまうおそれや悪質な策略などがはびこることにもなりかねないため注意を要する。

国際的には，貧困撲滅など2001年から2015年に国連で推進してきたMDGs（Millennium Development Goals：ミレニアム開発目標）[4]が，2016年から環境保護面も含んだSDGs（Sustainable Development Goals：持続可能な開発のための目標）に受け継がれている。

さらに，ESG（Environment, Society, Governance）経営を考えた場合，労働者の安全衛生，長時間労働・過労死，働きがい改革をはじめ正当な待遇まで考えた人事管理を含んだガバナンスも不可欠な視点である。特に日本では問題になることが多い（場合によっては妙な慣習になってしまっている）ジェンダー差別など，社会的な矛盾も「持続可能な開発」には大きな障害である。

また，1999年に開催されたダボス会議（世界経済フォーラム）で，当時の国連事務総長（コフィー・アナン）が提唱した人権，労働，環境に関して9つの

原則を定めた「グローバルコンパクト」に，2004年開催のグローバルコンパクト・リーダーズサミットで第10番目の原則として「腐敗防止」が追加されている。国際的に多発する贈収賄事件，同族会社の会社私物化などは頻繁に起こっている。世界で通じる数少ない日本語の1つとなった違法行為である「談合」は，わが国では未だに多くの事業コンペ等で事件が発覚している。これは極めて不名誉なことであり，ESG経営からみても大きくかけ離れている。

しかし，国際的に経営管理に新しい風が吹き出しており，企業トップの意識改革が迫られている。自然科学面においても社会科学面においてもまだ手探りの状況であるが，国際的な資源の消費，社会システムのあり方にさまざまな部分で，少しずつ審査が始まっている。すでに企業間格差は生じ始めているといってよい。

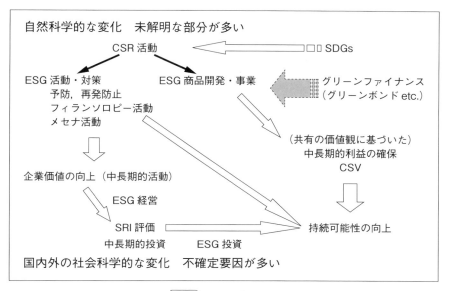

図3　ESGとCSV

すなわち，ESG（Environment, Society, Governance）は，社会のニーズとして企業が果たさなければならない視点といえる。しかし，企業間を正確に比

較する評価システムは未だ十分ではなく，一般公衆から見えづらいといえる。ただし，取り組みの遅れによるダメージは，人の慢性疾患のように時間の経過ともに知らぬ間に広がってしまう性質を持つ。この対処には，中長期戦略が必要であるため，企業のトップがイニシアティブを持ち，社員の理解のもとで実行していかなければ推進できないことは明白である。戦略は早く策定するほど成果を大きくすることができる。この活動は，客観的な検討により明確で合理的な軌道を持つことができ，ステークホルダーとのインタラクティブなコミュニケーションは不可欠である。

序－2　価値の変遷

(1) ESG 評価

　一方，CSR における社会貢献活動は，企業の事業活動との関係が不明確であり，経営戦略とはならないと考え，本業に基づいて社会的な問題解決に向けて「共通価値の創造（Creating Shared Value：以下，CSV とする）」活動を行うべきであると提言も行われている（参考：Michael E. Porter and Mark R. Kramer, "Creating Shared Value" HBR January–February 2011.）。この概念は，2011年にマイケル・E・ポーター（Michael Eugene Porter）（ハーバード大学ビジネススクール教授）によって示されている。しかし，まだ CSR-SRI（Socially Responsible Investment：社会的責任投資）との関係が明確とはいえない。たとえば，環境保全活動では，気候変動や数十年もたって健康被害が発生する（慢性的な）環境汚染など因果関係が不明確なものは，その改善に関して共通価値を見出すのは困難である。したがって，原因が被害発生に対して高い蓋然性が科学的に証明され，さらに一般公衆（世論）から高いコンセンサスを得なければ，確定した（Well-Established）価値の共有は得られない。これには，中長期的な経営戦略のもとで企画を実行していかなければならない。

　短期的な価値の追求のみを行った失敗が，過去に起きた公害であり，法律による直接規制が必要になっている。環境問題と社会福祉・社会保障は本質的に異なる点が複数あり，その効果についても未だ統一した評価基準はない。このため，企業内部にも CSR に対して温度差があり，本業に基づく開発や事業に関して CSV の視点をもって活動するほうが経営サイドおよび社員全体に理解が得やすい。近年，ESG が注目されたことで，ガバナンスの面から企業経営における環境活動，社会活動に関した客観的なチェックが機能が重視されつつあり，共有価値が創造しやすい環境も整備されてきているともいえる。

　人の価値観は多様化しており，商品に求めるニーズも変化している。電気通信を利用した技術が向上したことで，製品（もの）から最も合理的にサービスが得られるようになってきている。その結果，情報の種類と利用の幅が急激に

増加し，さまざまな解析が行われるようになった。情報量の増加から多くの分析が可能になったと同時に，専門性が高い情報も必要となってきており，企業と多様化しているステークホルダーと共有すべき価値観が変化してきている。企業のESG経営は「持続可能な開発」を実現する社会が求めていることであり，中長期的利益が期待できるESG投資は，機関投資家の強い関心を得ている。

わが国では，「三方よし（売り手よし，買い手よし，家族よし［世間よし］）」という考え方が近江商人（19世紀）の家訓となっており，経営者は，質素な生活をしながら，自らの財産で学校を建設，使用人への利益の適切な配分，郷里の村人のために自分の土地に桜や楓を植林し憩いの場を提供，50年先のために滋賀県へ植林を目的とした多額の寄付を行っている（参考：勝海舟の語録「氷川清話」）。この他，明治から昭和にかけて日立鉱山，別紙鉱山，八幡製鉄所などの公害対策に対するCSR活動も長期的視点で評価すればよい成果をあげた例といえる。

近年では，2000年に設立されたプロジェクト「カーボン・ディスクロージャー・プロジェクト（Carbon Disclosure Project：2013年からCDPを正式名称に変更）」は，NGO（本部：英国）を組織し，世界の主要企業にアンケート調査で環境保全への取り組みについて情報を収集し，会員機関投資家にその結果を開示している。CDPは，2002年から気候変動の原因である温室効果ガス排出量の総計（CDP Climate Change），2009年から水の使用量（CDP Water），森林破壊の主たる要因を「木材」「パーム油」「畜牛」「大豆」と定め調査（CDP Forests）を実施し，機関投資家（803機関―運用資産総額約100兆ドル［2017年10月現在］）のESG投資先選定の判断を支援している。「持続可能な開発」の可能性をESGを切り口として中長期的な環境経営の評価を行っており，投資家にとってのこのような判断材料は今後の企業活動のあり方の大きな要因となると考えられる。

わが国では，世界最大（2018年8月現在）の年金基金（厚生年金保険および国民年金の積立金を管理，運用実施機関）である年金積立金管理運用独立行政法人（Government Pension Investment Fund：以下，GPIFとする）が，2015年9月に国連責任投資原則への署名を行っている。GPIFは，環境（E），社会，

(S), ガバナンス (G) の要素に配慮した投資は, 期間が長期にわたるほどリスク調整後のリターンを改善する効果が期待されるとしている[5]｡

しかし,「環境」および「社会」に関わる問題は多様にあり, その効果を広い視点で慎重に検証する必要がある。短期的に効果が生まれても, 中期, 長期で見た場合に却って悪影響となってしまうこともある。特に環境問題の効果に関しては, 自然の変化が伴うため時間の幅が長くなり, 短期間で見ての効果のみでは評価が難しい。たとえば,「再生可能エネルギーは環境に優しい」といった抽象的なイメージだけで普及しても, 却って自然環境を破壊してしまうおそれ（または自然資本を喪失するおそれ）もある。

地上に数億年前から存在する森林や, 水圏に30数億年前から生息する藍藻類などは, 地球で超長期間光合成によって生息している。このバイオマスは, 現在生息する生物の基盤であり, 生物多様性, 食物連鎖にとって極めて重要である。人にとっても材料, またはエネルギーに利用できる非常に有用な資源である。バイオマスエネルギーは, 遠くに輸送し利用すると非常に効率が悪くなる。しかし, 貯蔵でき, また自然環境が保たれれば, 数十年, 数百年, 場合によっては数千年持続可能に利用できるエネルギーである。

図4　森林（バイオマス：生態系）を破壊し作っている（メガソーラー）太陽光発電所

しかし, 森林を伐採して太陽光発電設備（パネルと発電装置, 変電・送電設備）を作り, 再生可能エネルギー利用とするのは疑問がある。設備機器は劣化

していくことから持続可能ではなく，電子機器部分は10年程度で効率が急激に悪くなり，数十年も寿命があることがない。環境保全を考えるならば，他の人工物と同様に，長寿命性，リユース，リサイクルおよび適正処理を検討しなければならない。さらに，発電設備が投資によって行われていることが多いことから，金融面での不安定，経済誘導政策の失敗など人的要素（社会科学的要素）によっても持続可能性は失われる。太陽光が再生可能エネルギーということで，太陽光発電が環境・社会面で貢献しているとは安易に考えることはできない。

(2)環境コスト

わが国の金融機関は2000年頃まで，環境保全は単なるコストという考え方を持った見方が強かったといえる。土地神話という土地を担保に融資するといったことが，最も有効なリスク回避方法と信じられていた。しかし，米国のスーパーファンド法（CERCLA［1980年］およびSARA［1986年］)[6]のように，土壌汚染の検出と公表を義務づけた「土壌汚染対策法」がわが国で2003年2月に施行されると状況が大きく転換されている。当初は，損保を除くほとんどの金融機関が積極的な対処を行っていなかったが，工場跡地などで次々と汚染が発覚し，原状回復に巨額の費用が生じ債権回収が困難になる可能性が高まってきたことから環境リスク回避の必要性が高まった。その後，融資，投資の際に土壌汚染測定が，担保設定の際に重要な視点となっている。土壌汚染測定，汚染改善が，先進国の中ではかなり遅れたが活発に行われるようになり，環境改善がビジネスとして成り立つようになった。K.W.カップ（Karl William Kapp）が提唱した社会的コストである「環境コスト」削減が，事業化されたといえる。

「気候変動に関する国際連合枠組み条約」[7]に基づく「京都議定書」（採択：1997年）が国際的に注目されるようになってからは，省エネルギーが環境ビジネスとして注目を浴びるようになる。省エネルギーは，実質的にエネルギーの残存量を増加させることができ，エネルギーによるサービスのコストを減少させることができることから，政府および企業，個人にとってメリットが共通している。世界で莫大な化石燃料を消費している自動車をはじめ，人間活動に不

可欠な電気(照明,通信,暖房など)のサービス量を拡大することができる。

オイルショック(1973年,1979年)[8])後に米国,日本をはじめ先進国でエネルギー供給の多様化が進められ,同時にエネルギー効率向上の合理的な方法として省エネルギーがさまざまに進められ,事業化されている。日本では政府がムーンライト計画として国家プロジェクトを推し進めている。しかし,石油価格の低下とともに,再生可能エネルギーと共に開発のインセンティブは低下する。

その後,米国で金融工学の失敗による2007年にサブプライム住宅ローンの破綻から,ドミノ倒しのように金融が危機的状況に陥った。2008年には投資銀行のリーマン・ブラザーズ・ホールディングス(Lehman Brothers Holdings Inc.)が経営破綻し,世界金融危機(the global financial crisis：またはリーマンショック)が発生している。米国では,2009年2月に景気刺激策として「米国再生再投資法(American Recovery and Reinvestment Act：ARRA)」が制定され,雇用の創出のために,再生可能な太陽光発電,風力発電などを普及することと,省エネルギー事業の活性化が実施されている。再生可能エネルギーは,火力発電や原子力発電と比べるとエネルギー密度が非常に低く,莫大な設備建設が必要となり,寿命が短くメンテナンスが多いことから人による作業が多くなる。

さらに,当時の米国オバマ(Barack Hussein Obama II)大統領は,当該政策の一環としてスマートグリッド(smart grid)整備を推し進め,国のエネルギー安全保障面を向上させることも図られている。スマートグリット整備を進めることで,IT(Information Technology)およびネットワーク技術を駆使して家庭の電力消費状況をスマートメーターで管理し,エネルギー関連のインフラストラクチャーを整備し,電力供給の安定性(停電などの防止)を高め,効率的な送配電網の構築が期待できる。わが国のように10電力会社で各管轄地域を独占している状況では,効率的な電力網は経営戦略上すでに進められている。問題は,夏の1日に最も気温が高くなる午後2時に電力消費が突然高くなるピーク時の電力供給対処であろう。2011年3月の東日本大震災時の津波で発生した福島第一原子力発電所事故でこの問題はさらに深刻となった。

わが国では，他国（フランスを除き）に比べ急激に多くの原子力発電所を建設し，稼働していたが，莫大なリスクが確認され一時すべての国内の原子力発電所が停止したため，電力供給が極めて不安定となった。この対処として火力発電所を最大限に活用し，新たにガスタービン式発電を複数建設し電量供給を行った。発電原料として海外から高額の天然ガスや石油および石炭が大量に輸入され発電コストが大きくなったことから，電力会社の経営を疲弊させ，国の安全保障および経済にも悪影響を与えた。2016年4月に「電気事業法」改正で電力自由化が進められたことから電力販売の低価格競争が始まり，発電コストの削減が優先され環境負荷増大があまり考慮されていない。電力自由化では，消費者も電気代が安価になることに注目しているため，供給が需要に応えているともいえる。この結果，環境負荷を増加させる二酸化イオウ（酸性雨の原因）やその他有害物質，二酸化炭素（地球温暖化原因物質）を大量に放出する安価な石炭発電が増加している。さらにこの対処として補助金等が投入され，石炭の高効率発電等技術開発が実施されている。また，原子力発電所事故による放射性物質事故の損害賠償，原状回復に20兆円を超える費用が必要となり，税金および消費者の電力消費コスト，いわゆる環境コストが増大している。

わが国は，非化石燃料（石油，石炭，天然ガスなど化石燃料）に代わる新たな電力源（またはエネルギー源）として，経済的誘導策による再生可能エネルギーによる発電拡大を図っている。また，消費者等発電業者以外が再生可能エネルギーで発電した電気を電力会社に長期間固定価格で買い取ることを義務づけたフィード・イン・タリフ（Feed-in Tariff）制度を導入している。2009年に「エネルギー供給事業者による非化石エネルギー源の利用及び化石エネルギー原料の有効な利用の促進に関する法律」（エネルギー供給構造高度化法）によって太陽光発電のみを対象とした制度が始まっていたが，2012年7月に新たな「電気事業者による再生可能エネルギー電気の調達に関する特別措置法」（再生可能エネルギー特別措置法）が施行され，同時運用されている。2009年時点に複数の地方公共団体でも条例で補助金交付が行われている。前記原子力発電所停止による対処として考えられるが，非効率な政策運用である。フィード・イン・タリフ制度はコストが莫大なため，その支払いは最終的には消費者

となる。

　わが国では，政府の安易な金融政策の積み重ねで国債による赤字がすでに1,000兆円を超えており（国債および借入金ならびに政府保証債務現在高［2017年12月末現在］：1,085兆7,537億円）[9]，さまざまなインフラストラクチャーなどへの投資も依然続いており，国家的財政の将来には不安がある。このような状況で，団塊の世代が75歳となる「2025年問題」もあり，多大なる社会的コストが予想される環境保護の確保，エネルギーの安定供給が政府によって維持できるのか不透明である。わが国は国民の政府への信頼または依存度が非常に高く，行政への信頼が揺らいだときの状況が懸念される。

　具体的には，原子力発電所事故で生じたコスト，再生可能エネルギー導入による電力供給コスト拡大，この他，気候変動による農業，生活，産業などに生じる損害および対策費，生物多様性変化・喪失（都市開発，気候変動），廃棄物処理処分，大気汚染・水質汚濁・土壌汚染などさまざまな環境コストが存在している。これらは，それぞれ独立しているわけではなく，密接に関係し合っている。科学技術が進展すると同時にその挙動，原因が少しずつ解明されてきている。これらは，総合的に考えなければ合理的な解決は望めない。短絡的にそれぞれ個別に研究され，狭い視野で対処を行っても無意味である。学術分野の確執，縦割り行政・形式的対処（bureaucracy），（特定の視野での）補助金行政，各当事者等のコミュニケーション不足では解決しない。このことは，一般公衆も気づき始めており，明確な環境価値を再度確認する必要がある。

序－3　環境金融

(1) 環境プロジェクトファイナンス

　環境商品の性能は，すでに一般商品性能を向上させるための価値になりつつある。これには環境政策が大きく関わる。また，資源政策（資源の枯渇対策），農業政策（農作物被害防止，気候変動による作付けの変化），都市開発政策（コンパクトシティ，スマートシティ）などと重なる部分が多々ある。しかし，一致しない部分も複数あり，前記のとおり複数の視点を持って考えていかなければならない。ESGを踏まえると，社会福祉政策（衛生，教育，生活，健康，雇用の確保），およびLCMを踏まえたガバナンスも考慮する必要がある。環境商品生産または環境事業を実施する際に学校に行かせないで子供を働かせたり，LCAを検討しなかったりするとESG評価は低下する。

　野生生物の生態が変化し，農業被害を対策する際に特定動物のみに焦点を当て，一過性の分析，対策をしても別の被害を生み出すにすぎない。被害は，生態変化による人，人工物，他の生物・生態系への被害を総合的に考えなければならない。都市開発のあり方，人（生活，衛生，健康）へのリスク回避，気候変動の影響，増え続ける外来生物の影響など1つ1つが複雑に関連している。農業政策面のみで問題は解決しない。却って問題を拡大させてしまうおそれが大きい。

　2016年9月に中国・杭州で開催されたG20杭州サミット（summit：首脳会議）では，「持続可能な目標（Sustainable Development Goals：SDGs）」を踏まえた首脳コミュニケ（communiqué［仏語］）が発表され，環境プロジェクトに金融面で支援を推進することが述べられている。なお，コミュニケとは，公式な会議での合意文書［意思表示］のことを意味する。第21項では，「環境面でグリーンファイナンスを拡大することが必要なことを認識している。」と示され，具体的にはグリーンボンド（green bond）など環境面に関してのプロジェクトファイナンスが進められている。しかし，「環境」の定義は曖昧であることも謳われており，成果が現れるまでに長期間が必要な環境プロジェク

トで債券の償還期間を設定することは困難である。

　G20（Group of Twenty）に参加している国には，米国，フランス，英国，ドイツ，日本，イタリア，カナダ，ロシア，ブラジル，インド，インドネシア，中国，アルゼンチン，南アフリカ，EU，豪州，韓国，メキシコ，サウジアラビア，トルコで世界の主要国が含まれており，各国がグリーンファイナンスを拡大すれば環境プロジェクトの大きな追い風となる（最初の7カ国は，G7，1997年にロシアが加わった後は8カ国となりG8となった。その後，経済成長した未加入のBRIICSの国々などが参加しG20となっている）。また，この会合は，そもそも国財務相・中央銀行総裁会議で世界経済の安定と成長を図るための国際会議で，同時に主要国サミットも開かれており，国際的に強い影響力を持っている。

　その後，2017年1月には中国人民銀行とイングランド銀行が共同議長となり「グリーンファイナンススタディグループ（Green Finance Study Group：GFSG）」が設立されている。この検討の結果まとめた「G20グリーンファイナンス総合レポート」は，2017年7月にドイツ・ハンブルクで開催されたG20サミットに提出されている。このレポートには，「ローカルなグリーンボンド市場の発展を支持し，グリーンボンドへの国境を越えた投資を円滑化するための国際協調を促進し，環境および金融リスクに関する知識の共有を促進および円滑化し，グリーンファイナンスの活動および影響の測定方法を改善するために努力が払われるべきである。」と環境債券によって資金を集め環境プロジェクトを推進していくことが述べられている。

　ハンブルクサミットコミュニケでは，環境保全の取り組みとして，「米国が2017年に脱退を表明した「パリ協定」離脱を留意事項とすること」，「食料安全保障のため，水および水関連の生態系を保護・管理し，効率的に利用するよう目指すこと」，「資源の効率性と持続可能性の向上，持続可能な消費形態の促進」，「海洋ごみの発生の予防・削減」が取り上げられた。気がかりな事項としては，京都議定書の京都メカニズム（排出権取引［Emissions Trading］，CDM［Clean Development Mechanism］，JI［Joint Implementation］）のように先進国の資金が工業新興国への投資になったり，債券が金融商品となると他の事業への投

資に利用されるおそれもあり本来の意味を失う。2016年までのグリーンボンド市場は，発行総額が約510億ドル（約6兆1,200億円）となっており，そのうちエネルギーに関するものが27.8%で，約142億ドル（約1兆7,000億円）に上っている[10]。グリーンボンド市場は2018年時点でさらに拡大しており，すでに中国をはじめ多くの国で発行され，金利は低いが安全な債券として世界各地で注目されている。今後多くの資金調達が可能となることから，正常なプロジェクトファイナンスが行われることが望まれる。

すでに，グリーンボンドの社会システム形成のために世界銀行グループの国際復興開発銀行が2015年に解説書を作成している。わが国の環境省も2017年3月に『グリーンボンドガイドライン』を発表している。これから環境保護の定義を明確にした環境プロジェクトファイナンスの秩序が作られていく可能性に期待したい。

(2) TCFD

2015年4月のG20財務大臣・中央銀行総裁会合コミュニケでは，「地球温暖化のリスクに関して金融分野における今後の対処」の検討実施を金融安定理事会（Financial Stability Board：以下，FSBとする）に指示している。FSBは，1999年に設立された金融安定化フォーラム（FSF, Financial Stability Forum）を発展させ2009年設立された国際的機関で，参加機関は，主要25カ国の中央銀行，金融監督当局，財務省や，IMF（International Monetary Fund：国際通貨基金），世界銀行（国際復興開発銀行［IBRD：International Bank for Reconstruction and Development］と国際開発協会［IDA：International Development Association］とを合わせた名称），BIS（Bank for International Settlements：国際決済銀行），OECDなどである。事務局はBISが行っており，主な業務は金融システムの安定性を促進することである。

FSBは2015年12月に「気候関連財務情報開示タスクフォース（Task Force on Climate-related Financial Disclosures：以下，TCFDとする）」を設立し，2017年の6月に「適切な投資判断を促すための一貫性，比較可能性，信頼性，明確性をもつ，任意の開示に関する提言の策定」に関する報告書を公表してい

る。G20ではこの報告に基づき，具体的な検討を進めている。

　わが国が長い間行ってきた土地神話に基づくようなファイナンスはすでに崩れ，プロジェクトの目的と将来性を見極めることが重要になってきている。オイルショック後，エネルギー供給を却って不安定にしてしまったエネルギー生産に関する金融商品，フィード・イン・タリフ制度による長期固定買取をよく分析しないまま行った過剰な再生可能エネルギー設備への投資，バイオテクノロジー市場規模を桁違いに大きく予想した無駄な投資，気候変動が予想外に生じてしまった天候デリバティブ金融商品など，自然に関わるものへの投資は非常に難しい。これら失敗は，環境を基本的に理解し，十分な解析を行わないまま行ったことで発生している。理系のみの視点や，社会科学のみの視点では，中長期的に事業の持続可能性を見極めることはできない。

　そもそも現在のエネルギー，鉱物資源は，近い将来現在の価格では全く採掘できなくなり，貧富の格差がさらに大きくなる。その後，技術および経済システムの中で，現在の資源供給システムの機能が働かなくなる。しかし，人類はこの事実を受け止めようとはしていない。ここ100年程度の繁栄（あるいは幻想）のために，資源が枯渇し，自然に巻き散らかされた化学物質で大きな環境変化が発生し生態系が破壊されるだろう。社会システムが歪んでくると，国家間での不調和，人間関係の不調和，深刻な不条理が蔓延し，人類の存在意義自体も脅かされてくる可能性もある。TCFDの検討は，企業に環境事業を持続的に実施するための基本的なシステムを作るためのベースとなる可能性がある。他の環境事業もこの考え方を応用し検討を進めていくことで，ESGの視点が少しずつ明確になってくると考えられる。人類が持続可能に幸福に存在するには，SDGsの項目を，個人，企業，行政が理解し，法令をはじめ社会秩序が新たに整備していくことが重要である。

注
1) 日本生産性本部『労働生産性の国際比較2017年版』(2017) 参照。
2) 農業の工業化（または近代化）を図り開発途上国における農業生産性を向上（収穫の効率化）させた活動。

3) E はエネルギー，m は質量，c は光速。
4) 2000年9月にニューヨークで開催された国連ミレニアム・サミットで採択された国連ミレニアム宣言をもとにまとめられた開発分野における国際社会共通の目標。(参照：外務省ホームページ「ODA（政府開発援助）―ミレニアム開発目標（MDGs）」アドレス http://www.mofa.go.jp/mofaj/gaiko/oda/doukou/mdgs.html ［2018年5月閲覧］)
5) GPIF ホームページ「ESG 指数選定結果について平成29年7月3日」アドレス https://www.gpif.go.jp/operation/pdf/esg_selection.pdf ［閲覧2018年3月1日］より引用)
6) CERCLA：Comprehensive Environment Response, Compensation and Liability Act of 1980, SARA：Superfund Amendments and Reauthorization Act of 1986。
7) 「気候変動に関する国際連合枠組み条約」(United Nations Framework Convention on Climate Change：UNFCCC) は，1992年5月に採択，1994年3月に発効。日本は，1993年5月に国会承認，受託書寄託を行い批准。
8) 第1次オイルショックは，1973年10月に起こった第4次中東戦争で，アラブ石油輸出国機構（Organization of the Arab Petroleum Exporting Countries：OAPEC）加盟の10カ国が原油の生産削減と供給制限を行い，石油輸出国機構（Organization of Petroleum Exporting Countries：OPEC）に加盟するペルシャ湾岸6カ国も原油価格を大幅に値上げしたことで発生し，1973～1974年に世界中へ影響。第2次オイルショックは，1979年初頭のイラン革命で原油輸出を中断したことおよび石油輸出国機構の原油値上げにより発生し，1979～1981年に原油価格が3倍近くに高騰。
9) 財務省 HP http://www.mof.go.jp/jgbs/reference/gbb/2912.html（2018年4月閲覧）
10) 環境省資料『世界・日本のグリーンボンド概況』［2016年10月］4頁。

第Ⅰ部
ESGの基本的考え方

Ⅰ－1　自然の価値

Ⅰ－2　人工物の影響・対処

Ⅰ-1　自然の価値

　人は自然の一部であり，自然の物質循環の中で生存しており，企業をはじめ人のすべての活動は，自然のシステムの中でのみ持続性が可能となる。人が作り上げた社会システムは，自然と別に存在しているわけではなく，地球・宇宙を含めた時間的空間的な変化を司る自然の法則を踏まえて作られている。

　しかし，無限に存在するかのように資源が掘り出され，地上には人が生産したものと，その廃棄物が溢れかえっている。さらに，地球上の至る所への人または物の移動，人を満足させるための暖かさ，寒さなど気温等のコントロール，気候など自然と逆らった農作物の栽培，電気通信を利用した瞬時の莫大な情報伝達・利用，金融システムと直結した経済活動と過剰とも思われるサービスも溢れかえっている。これらがすべてが必要なものであるかは疑問である。

　ものとサービスを得られる量は，人によって大きく異なっている。これが格差を生み出し，生きていくための最低限の生活を維持できないものも依然存在している。経済成長期には莫大な者が生産活動によってその利益を受けることができるが，その反面，技術発展によって性質がよくわからないまま環境中に

生態系が保たれている屋久島

放出された化学物質は，それまでの自然を変化（汚染）させている。まずその悪影響を直接受けた生産現場にいた労働者，周辺住民が被害を受け，ネガティブな影響を考慮されなかった，あるいはできなかった製品によってもさまざまな被害者を発生させている（製造物責任）。

　環境の変化は，限定的な地域にはとどまらず，人にとってはゆっくりとした時間的，空間的な広がりを続け，地球規模に拡大している。この変化は，これまでの公害のように明確な発生源対策は，技術的にも社会システム上も難しく，改善の可能性も不明である。

　本節では，公害等社会的な失敗に対する分析と再発防止に関する動向を取り上げ議論する。

Ⅰ－1－1　成長の限界

概要

　科学技術は，人の生活を豊かにすることを目的として研究開発が進められ，政府の政策，あるいは企業戦略に基づいて急激に進められた。効率的な運営に経済システムが重要な役割を担い，人工的な「もの」と「サービス」が世界中に膨れ上がっている。これらは，地球に存在する資源によって生産されており，量的限界によりいずれは枯渇するものである。さらに，資源の消費によって環境に放出された化学物質は，地球の大気，水質，土壌の物質バランスを変化させ，生態系を破壊し，中長期的に見て人自体の存在も危うくしている。

　地球は有限であるが，金融をはじめとした経済システムは，人の欲望が強く影響し資源の採掘・消費を急激に増加させており，環境汚染，環境破棄および資源枯渇に向かって人類の悲劇的結末が懸念されている。

検討

　短期的な成長によって中長期的には現在の生活を続けていくことは困難となる。この成長の限界を分析し原因を考察する。

キーワード

　ローマクラブ，公害，公共の福祉，国連人間環境会議，リチャード・バックミンスター・フラー，バイオスフェア2，ガレット・ハーディン，共有地の悲劇，経済バブル，スチュワードシップコード，NIMBY

(1)成長による光と濃い影

　経済学の進展と社会への応用は，効率的な「もの」と「サービス」の提供を促進させたが，「公共の福祉」を見失う原因ともなった。1970年の公害国会では，当時の佐藤栄作総理大臣が「福祉なくして成長なし」という理念を示し，経済成長は，ものとサービスを急激に増加させ，単純に国内総生産を増加させるという考え方を見直すきっかけとなった。その結果，「環境基本法」の前進である「公害対策基本法」で定められていた「経済の発展との調和（経済調和条項）」の規定が削除された。

　1960年前後に問題となった公害の被害者は，中央官庁をはじめとする行政や加害者であった国を代表するような企業と司法の場で争っている。人として当然持っている人格権（生命，身体，平穏に暮らす生活など）を侵害されたことが認められず，行政等と争いとなること自体，理不尽な出来事である。加害者

側には，国内の極めて有名な大学が協力し，学会でも被害者側の科学的証拠を否定する自然科学的学説が提出されたりと，原告は辛い争いを強いられている。新潟水俣病の原因とされる有機水銀は，農薬倉庫から流出されたものとの仮説も立てられている。農薬には水銀が含有されていたからである。この場合，当時，全国で環境に放出されていた水銀化合物を環境放出していた農薬に対して排出抑制規制を立てることのほうを優先する必要がある（現在は世界で水銀および水銀化合物の環境放出抑制・禁止規制が進められている）。そもそも新潟の阿賀野川周辺のみに（または熊本県水俣市周辺を含んでも）水俣病が発症していることが素朴な疑問となる。当時の「公共の福祉」に関して社会的責任が求めた価値は，視野の狭いものであったことがうかがえる。

　環境汚染（公害）は，無理な経済政策によって，無駄な社会的コスト（環境コスト）を生み出し，科学技術の光と影を浮かび上がらせたことで斑（ムラ）のある経済発展となってしまった。公害は，経済発展を短期的利益で考え，無理に急いで成長させようとした結果起きたものである。政府は経済政策，技術政策の失敗と認め，その原因を分析し再発を防止すべきである。しかし，新潟水俣病被害者に環境大臣がはじめて謝罪したのは2010年11月である。謝罪では，「熊本での教訓を生かせず新潟で水俣病を起こしたことは痛恨の極み。被害拡大を防げなかった責任を認め，お詫び申し上げたい」と，熊本水俣病の原因を真摯に受け止めず，再発防止ができなかったことを述べている。

　被害発生当時は原因不明だったため，被害者は「たたりをうけている，孫の代までたたられる，被害が伝染する」などと偏見にさらされ，差別され精神的面でも苦しめられることとなった。裁判で正当な争いを行っているにもかかわらず，「病人を出して金儲けしている」などと誹謗中傷にも耐えなければならなかった。複数の公害裁判で，原告になること自体勇気のいることだった。地域を汚染した公害は，環境問題だけでなく，コミュニティや社会的な問題でもある。公害による悲惨な事件は，四大公害の現地をはじめ複数の公害被害発生地で資料館が作られており，社会的な理解が広がることが期待される。重要な負の遺産であり，二度と同じ間違いを起こさないためにも存在意義は大きい。

図1-1-1　新潟水俣病資料館

　しかし，1960年代に公害の犠牲になった被害者は現在は高齢化し，法廷で争うのではなく政府等の仲立ちによる和解の道を選ぶことが多くなっている。公害は早期の対応がなければ，成長の大きな長い辛い影となってしまう。環境法が次々と整備されている中でも国内総生産の向上は優先され，技術の発展，経済成長は，一般公衆の目的となっている。この対策として，汚染の事前評価（各種環境アセスメント）・対処手法の開発が重要となってきている。この手法としてESGは，極めて有効である。

　企業のESGという考え方は，個々の企業によって大きな温度差がある。企業の社会活動の1つとして，日立鉱山，別子鉱山，新日本製鐵などのように工場等の周辺への環境汚染防止に取り組んだ企業と，イタイイタイ病（鉱毒），新潟水俣病（汚染水の排水），熊本水俣病（汚染水の排水），四日市公害（大気汚染等），足尾鉱山汚染（大気汚染，鉱毒），安中公害（大気汚染）など，汚染を発生させた企業は時間の長い経過の中で明らかに明暗がはっきりと分かれている。汚染を発生させた経営の失敗を認め，失敗分析に真摯に取り組み（悪い部分を明確にして），改善に取り組むことが持続可能性を保てることとなろう。

　公害被害の発生の原因究明方法も進展しており，加害者の過失の証明も進歩している。たとえば，環境汚染における非特異性疾患（一般的な病気）を発症させた加害者を特定することは困難であるが，1967年〜1972年に争われた四日市ぜん息事件で証拠として採用された疫学調査結果は，原告の強い支援となっ

た。この調査方法は，PM（Particulate Matter：微小粒子状物質）による汚染や酸性雨など広域にわたる汚染，地球規模にわたる汚染被害特定に期待できると考えられる。また，超微小操作が可能となっているナノテクノロジーによる化学物質（原子レベルまで）の検出は，挙動確認を飛躍的に向上させている。そして，原子よりさらに小さい世界を探っている素粒子研究は，宇宙（地球レベル）の科学的現象，時間，空間の存在そのものを解き明かそうとしており，地球レベル，宇宙からのエネルギー等による環境変化も少しずつ解明されており，持続可能な存在のための人類の行うべき行動も示されてくるだろう。

(2) 量的限界と行き過ぎた成長

　エコロジカルフットプリントをはじめ，自然資本消費の指標の考え方，ローマクラブが提唱する経済成長と環境破壊，資源の枯渇の限界について，指標が考え出されている。ローマクラブが1972年に出版した『成長の限界』で示した問題提起では，「世界環境の量的限界と行き過ぎた成長による悲劇的結末を認識することが必要である」と述べている[1]。当該書籍は，研究の委託を受けたMIT（Massachusetts Institute of Technology：マサチューセッツ工科大学）研究グループが解析した約100年後までのシミュレーション結果に基づいており，環境汚染，資源の枯渇，人への影響（人口増加後，減少に転じる）に関する悲劇的結果が公表されている。

　そもそも「もの」と「サービス」を単純に拡大させ，国内総生産（Gross Domestic Product：以下，GDPとする）を増加させていけば，地下から掘り出された資源（人にとって価値のあるもの）は次々と消費されていき，有限の地球では，いずれ（世界中が工業，経済がこれまでと同じように発展すれば近い将来には）限界となる。まず，資源の高騰が続き，経済格差で「もの」，「サービス」が得られるものに深刻な格差が広がり，事実上の枯渇で現在の人類の生活は終焉を迎える。これまで，多くの古代文明で起こった現象と同じである。約1,000年前にイースター島の人たちのステイタス（最も社会的価値あるものだった）モアイ象製造・移動のために森林（バイオマス）を伐採した結果，枯渇し，文明が滅びた例は有名である。地上や海，地表にばらまかれた消費され

た資源は，環境の物質バランスを短期あるいは中長期的に変化させ，環境汚染・破壊を引き起こしている。

1972年6月に開催された「国連人間環境会議（United Nations Conference on the Human Environment：以下，UNCHEとする）」[2)]では，国際的にはじめて人工的に発生している「環境」変化が人類に悪影響を与えていることを確認した。しかし，先進国からの借金債務に苦しむ途上国にとっては，飲み水や安定した食糧確保など先進国のような衛生的で平穏な生活を得ることが優先課題となっており，先進国が問題提起している工業，農業，運輸等サービス業から放出された人工物による汚染と解決すべき目標がかみ合っていなかった。会議で採択された「人間環境宣言」でも先進国と途上国の格差を縮めることが明記され，その後の環境保全に関する国際会議での大きな確執の原因となる。ただし，途上国には，先進国の大企業が進出し莫大な納税を行っており，途上国内でも発言力が大きい。また，国内の道路，港，発電所用ダムなどの建設を中心としたインフラストラクチャー事業開発においても，世界銀行[3)]をはじめ国際的金融の支援が受けやすく債務が膨らむ傾向にある。資金援助など経済的な対処は，大国，多国籍企業，国際金融などの利益が複雑に絡み合っており，容易な解決策は見出せないのが現状である。

(3) 宇宙船地球号

UNCHEでは，会議のスローガンとして使われた「かけがえのない地球（"Only One Earth"）」と「宇宙船地球号（"Spaceship Earth"）」という言葉が国際的に広がり，一般公衆の環境保全への関心を引いた面では成功といえる。その後解明が進んだフロン類[4)]によるオゾン層の破壊（宇宙からの紫外線増加による人および生態系への被害），地球温暖化による気候変動，海面上昇，伝染病の拡大，海の酸性化（二酸化炭素の海への溶解［炭酸生成］による酸性化：海は約pH8.1でアルカリ性であるため海生生物が生息できなくなる）など，中長期的に地球規模の環境が破壊されている現状に注目を集めることに役立っている。

「宇宙船地球号」は，20世紀のレオナルド・ダ・ヴィンチと言われたリチャー

ド・バックミンスター・フラー（Richard Buckminster Fuller）が1947年に考え出した概念で，人が持続的に生活する閉鎖された空間をイメージし，ジオデシックドームといわれる建築物を建てたことでこの言葉が広がった。1965年の国際連合経済社会理事会では，米国の国連大使アドライ・スチーブンソンが「人類は，小さな宇宙船に乗った乗客である」と講演し，人類が地球という限られた世界の中で一緒に存在してることを強調している。しかし，米国（バイオスフェア2（Biosphere 2）プロジェクト：1991年［バイオスフェア1は地球］），日本（セルス研究会：1990年頃）などは，持続可能な生態系を人類の科学を用いて新たに作り上げることを試みたが，実験は成功していない。すなわち，宇宙船地球号の2号機は，現在のところ人類が作ることは不可能ということである。現在の地球に存在する生態系の脆弱性をよく理解するほうが優先事項である。

　人類は，科学技術を手にしたことで，他の生物にとって生存を最も脅かす存在となった。しかし，人は生態系のシステムを十分に理解していないため，自身の持続可能性をも失うおそれも生じている。たとえば，食物連鎖の頂点にいたオオカミは，人に被害を与えるため，米国や日本で駆除され，人への危険はなくなったが，生態系が大きく変化し将来に未知のリスクを生じてしまった。米国では，イエローストーン公園[5]に新たにカナダからオオカミを移入し，以前の自然の姿を取り戻そうと（実験）している。生物多様性に関する研究は，人による生物多様性の破壊と同時に進められているが，合理的な理由に基づいて予防を行うことは極めて困難である。生産性の向上が進み効率的な資源消費は，経済システムを利用してさらに進められ人工物が急激に増加し，生態系からの直接的なリスクが減少したことで世界の人口は急激に増加した。

　日本総務省統計局『世界の統計2018』（2018年）14頁「世界人口の推移（1950～2050年）」では，1950年は約25億4,000万人，1975年に約40億8,000万人，2000年には約61億5,000万人，2017年には，約75億5,000万人に急激に増加しており，2050年の予測では約97億7,000万人になるとしている。また，世界の人口における途上国の人口の割合は，1950年に67.9％だったものが，1975には74.3％，2000年には80.6％，2017年には83.3％と極立って割合が増加していることが示

されている。2050年の予測では86.7%と、さらに増加するとしている。途上国の人口増加に対する対処が重要であろう。ただし、途上国にも、安価な労働力を背景に新興工業国となる国が次々と誕生しており、後発途上国との格差も広がっていることから、国際関係はさらに複雑化している。わが国の人口は、2007年〜2010年に約1億2,600万人に増加して以降毎年0.1〜0.2%程度減少しており、今後この減少率は少しずつ大きくなっていくと予測されている。いわゆる少子高齢化が進み、労働力不足から経済力がある間は途上国からの労働者の移入が予想されるが、その後労働生産性を向上するためにロボット導入等の機械化、AI化がさらに進展していくことが予想される。生産形態が変化することから、資源生産性の向上のために省資源、省エネルギーが図られていくことが望まれる。

　世界の人口は増加し、1人当たりに消費されるものとサービスが増加すると、莫大な資源が消費されることになる。たとえば、この人々が、省資源、省エネルギーを図らず、現在の米国人と同じ生活をすれば、さらに莫大な資源が消費され、環境の物質バランスも急激に変化し、環境汚染・破壊が進むことが予想される。人口の増加と1人当たりの資源消費増加が相乗効果となり、いずれ資源採掘の限界値で停止し、悲劇的結末となることは1972年の時点ですでにローマクラブが『成長の限界』で警鐘を鳴らしている。

(4)悲劇的結末

　資源が枯渇、または高騰し、消費不可能になるまでに限られるが、人の消費行動は悲劇的結末に向かって突き進んでいくことは、「人類の逃れようとしても逃れることのできない破綻」とガレット・ハーディン（Garrett Hardin）が論文『共有地の悲劇（Tragedy of the Commons：コモンズの悲劇）』[6]で唱えている。

　お金がお金を生み出す（利子）金融システムが社会的に整備され、資金を調達するための複雑な債券が世界中で売買されるようになった。さらに、人の消費行動に関してもバーチャルな資金に基づき、ものやサービスを得るシステムが急激に普及してきている。現実を見失うと（あるいは、金融組織、政府の意

図的な誘導で），あるはずがないお金で無駄なものやサービスが大量に作り出される。人の価値観は極めて曖昧なもので，チューリップバブル（オランダ），南海バブル（英国），ミシシッピバブル（米国，フランス），近年では，1989年末に株価が異常に高騰した日本の経済バブル，2008年のリーマンショック（米国）に始まった国際的金融危機のように群集心理（または操られた群集心理）が価値を作り上げてしまう。現在では，市場の変動を利用したいわゆる投機的な投資も頻繁に行えるようになっている。ときには，インサイダー取引など法令違反に及ぶこともある。金融商品の生産者は，常にニッチ（niche：隙間）市場を開拓している。

　ヒステリックで無理な投資は，価値に大きなムラを生じさせ，無駄を膨張される。その結果経済バブルが発生する。バブルがはじけると現実の世界に戻り，莫大な損失のみが残される。知的な人は，失敗をすると失敗分析を行い，チェックリストを作り再発を防止しようとするが，経済バブルは，人の熱狂的な欲望に従い悲劇的な結末に向かって行動を惹起させてしまう。この現象は，条件や形を変え，繰り返し起きる。

図1-1-2　世界中で昼も夜も変化し続ける市場

　バーチャルな価値は，資源をさらに莫大に消費させ，中長期的なレンジで枯渇（あるいは資源の急激な高騰）に向かって突き進ませる。そして，環境に吹き出された資源，実際にはさまざまな化学物質は，環境を変化させ，平穏無事

な人の生活を脅かす。経済が急激に悪化すると短期的な生活の維持が困難となり，環境悪化（環境汚染や環境破壊）のような中長期的なリスクは見失われるおそれが高い。英国で，リーマンショックの後，中長期的な視点で投資を促す「スチュワードシップ・コード」が発表され，安易な投機を抑制している。この考え方は世界に広がり，わが国でも日本版スチュワードシップ・コードが公表され，金融関係機関が対処しており，慎重な経済政策を進めようとしている。中長期的な投資が分析され，事業プロジェクトや企業経営が中長期的に評価され投資が行われるようになると，経済的な無駄の抑制が期待され，資源の効率化，悲劇的結末の延命化に役立つだろう。他方，社会保障面においても年金等中長期的に必要となる資金運用に適している。当該投資は短期間での評価が中心の近年の審査方法とは異なっているため，新たな価値評価手法の開発が必要である。

　人が資源と評価して採掘され，環境にばらまかれた化学物質によって，地球表面には不可逆的変化（元に戻らない状態）が発生しており，地球で数度起こってきた生物大絶滅を人間が起こしてしまう可能性がある。人類が将来できる限り持続していきたいのか，現在人が得ているものとサービスを単純に増加させ，今の「快適」のみを追求して破滅に向かうのかの選択に迫られている。現状では，後者の考え方のほうが強いと思われるが，悲劇的結末は起きない，考えたくないといった将来の環境悪化，資源不足の状況に無責任になっているとも考えられる。廃棄物を目の前から単に見えなくできれば（あるいは遠くに行ってしまえば）よいといったNIMBY（Not In My Backyard Syndrome）的対応が主流になっているともいえる。

Ⅰ-1-2　資源生産性

概要

　人が必要とする，自然に存在する物質や生物（実際には化学物質で構成）は，「資源」として採取されている。そもそも生命は，光合成によって生み出された有機物質によって作られ，進化によって知的生命を誕生させている。現在，地球で食物連鎖の頂点の知的生命体と考えている人類は，資源を都合よく利用しているが，不可逆的な変化を環境に引き起こしている。この活動の生産性を高めていくと，この変化は一層加速度を上げていくと考えられる。

　環境を形作っている生態系の中に人類は生活しているが，この不可逆的な変化の速度を上げて続けていくと，がん細胞のように宿主（がん細胞が生息している生体）の生命を奪う結果になりかねない。いわゆる生態系の破壊である。コモンズである資源を保全していかなければ持続可能性は失われる。この変化の指標としてエコロジカルフットプリントなどがすでに考え出されており，1つの行動を起こすための指標となるだろう。また，科学的に環境の状況を測定する方法も飛躍的に向上しており，その結果を真摯に受け止め，政治，経済，法律などの社会科学的手法によって資源生産性を向上させ，変化のスピードを遅くしていかなければならない。

検討

　ヴッパータール研究所（ドイツ）が提案した「資源生産性」概念を理解し，広い視点を持って今後のあり方を考える。

キーワード

　ビッグバン，宇宙線，光合成，鉱物資源，エネルギー資源，コモンズ，遺伝資源へのアクセスと利益配分（ABS），南極条約，宇宙条約，スペースデブリ，石炭ガス化複合発電（IGCC），遺伝子操作，エコロジカルフットプリント，ウォーターフットプリント，仮想水，エコリュックサック，水銀に関する水俣条約

(1)地球に存在する資源

　人類が環境問題としている空間は地球の表面のほんの一部であり，リンゴを地球とすると，対象としている部分はその皮の部分程度である。ただし，地上から旅客機が飛ぶ約10kmから，その上空50kmまで広がる成層圏（オゾン層を含む）は，科学的に詳細に観測されているが，地球内部（半径約6,400km弱），海中深くはまだ科学的に不明な部分が多い（ただし，大気が存在しているのは上空約1,100kmまで）。

ジョージ・ガモフ（George Gamow）の「ビッグバン理論」[7]に基づくと，約137（±2）億年前に1点からの巨大な爆発によって宇宙が誕生し，数分間の間に現在存在する元素が作られたとされている。この現象により私たちが存在する三次元の空間が作られ，時が刻まれ始めた。時間と空間の拡大はどこまで続くか不明であるが，物理的，化学的変化は超長期間で変化していくことは間違いない。ただし，地上における人が生息できる環境は拡大することはなく有限のままであり，宇宙における空間の広がりは感じ取ることはできない。また，数学以外の場で，三次元以外の状況を感覚的に理解することもできない。時間の存在に対しても，宇宙全体が止まってしまえば私たちは止まったことを認識することもできない。しばしば止まっている可能性もある。

　素粒子の存在に関しても解明されていない部分が極めて多いのが現状である。さらに見えないところにある何か，ダークマター，ダークエネルギーの存在も研究されている。したがって，私たちが存在するこの三次元の宇宙に関しても解明すべき部分が多々あり，宇宙からの地球への物理的，化学的影響も今後の課題である。

　ビッグバン爆発直後は高密度，高温状態で，その際に素粒子を融合し元素を形成し，その後宇宙は急激に膨張していると考えられている。膨張によって，宇宙の熱エネルギーは拡散し，温度は下がり続けている。このような状態の中，宇宙に散らばったちり（物質）が引力によって引き寄せられ，恒星や惑星などを形作っている。地球は約46億年前に誕生し，当初は物質同士がぶつかり合ったため，その運動エネルギーが熱エネルギーに変換し約5億年間は灼熱状態だったとされている。このため，地球の最初の5年間は，現存する岩石から調べてもどのような状態だったかは明確にはわかっていない。

　地球の表面にあった化学物質は，鉄など重いものは重力によって地下に沈み込み，現在比較的軽い化学物質が地表面にある。また，放射性物質（核物質）も地球誕生当時は現在よりたくさん存在しており，原子核の崩壊により大量の放射線も放射されていた。原子力発電所の燃料（あるいは原子爆弾［核分裂］の原料）となっているウラン235（^{235}U）は，半減期（原子核が崩壊し，存在比が半分になる期間）が7.13億年で，地球誕生より83.43分の1程度に存在比が

減少しており，地球にあるウランのうち約0.7％の存在比となっている。また，比重が極めて重いことから地下に埋まっている可能性が高い。原子炉で中性子が照射され，原子爆弾の原料となるプルトニウム（^{239}Pu）を生成するウラン238（^{238}U）は半減期が44.983億年で，地球誕生時にあった存在比がほとんど代わっておらず，地球にあるウランのうち約99.3％を占める存在比となっている。ウラン235同様に比重が重いため地下に埋まっている可能性が高いが，プルトニウムに変化したものは，放射線発生および有害性が高いことから環境汚染の懸念が高い。テロに利用されるおそれもあるため注意を要する。

図1−2−1　天然ウランを加工した六フッ化ウラン
（ウラン235分離・濃縮前の状態）

　他方，宇宙には宇宙線（ガンマ線や粒子線［α線，β線］など）をはじめさまざまな波長の光が放射されており，生物の遺伝子を破壊するような高いエネルギーを持つものも多い。これら光は，恒星から発せられたり，星の爆発などで宇宙を飛び回っている。地球には地場があるため，電荷を持つ粒子線は極地方（北極，南極）へ曲げられ（磁力線に引きつけられ），地上に直接照射されない。曲げられた高エネルギーを持つ帯電した粒子線は，窒素や酸素等大気中の物質と地上約110km付近で反応することで発光（放電現象）し，オーロ

ラを発生させる。また，帯電していない放射線および短波長の光は直接地上に照射される。特に多くの紫外線が降り注がれたため，地上には生物が存在できなかった。しかし，海中10m 以上深いところでは紫外線が遮断されるため，海の中で30数億年前に生命が誕生した。葉緑素を持ち光合成を行う藍藻類が発生してきたことで地球上に酸素（O_2）が供給され，地表に存在する鉄など酸化する化学物資を次々と酸化物に変えていった。印象的なものには，オーストラリアで世界複合遺産（自然遺産と文化遺産の両方の価値を持つ遺産）に登録されている巨大な赤い山（[エアーズロック：Ayers Rock，カタ・ジュタ：Kata Tjuta] 酸化鉄の山：Fe_2O_3）は，この現象で酸化したものである。また，藍藻類はコロニーを作り世界各地に現存し，縞状の化石となったストロマトライトも大量に形成している。

　藍藻類が光合成を始めた約5億年前から上空に酸素放出されていき，宇宙からの強いエネルギーを持つ光によって分解し，ラジカル基（free radical：遊離基）に変化し，オゾン（O_3）が生成した。そして約4億数千年万前に宇宙からやってくる紫外線を吸収するオゾン層が形成され，生物が地上で生息するためのリスクが激減した。地上には，微生物，植物が生い茂ったが，動植物は当初大型化し，重力や気候に耐えられないもの，生態系でシステムに入り込めなかったものは死滅した。

　絶滅した生物は，地下で熱や圧力で分解され，石油・石油ガス，天然ガスに変化し，化石燃料として人類に利用されている。化石化した木も，化石燃料の一種である石炭となっている。石炭が形成し始めた3億6,250万年～3億3,000万年は地質年代の石炭紀（3億6,250万年～2億9,000万年）の語源となった。ただし，人類は，この化石燃料をすでに200年足らずで半分以上エネルギーやプラスチックなどとして利用し，燃焼または廃棄物として焼却させてしまい，大気中における二酸化炭素の存在率を急激に上昇させてしまっている。二酸化炭素は赤外線（熱）を吸収するため，地球大気の熱量が増加し，地球温暖化によって気候変動など環境変化が発生してもごく自然な変化である。

(2) コモンズ

 6,550万年前にメキシコのユカタン半島に直径約10kmの小惑星が時速約6万4,000kmで衝突し，恐竜など大型は虫類やアンモナイト（古生代から中生代まで約4億5,000万年前後海洋に広く分布し繁栄）などが絶滅している。衝突時にTNT（trinitrotoluene）爆薬100兆トン分を超える規模の爆発が起き，そののち爆発によって発生したエアロゾルが地球を覆い地球全体が冷却化（日傘効果）し，変温動物は生息できなくなっている。大型の水素爆弾でも数千万トン分のTNT爆薬レベルである。そして，気候変動が発生し，ほとんどの生物が生息できなくなっている。しかし，この気候変動に耐え抜いたほ乳類や小動物や植物が繁栄することとなる。海でも多くの生物が絶滅し，生息する生物種が変化している。たとえば，このころから水深100m～600mの海中にオウムガイが繁殖し，現在までほとんど進化せず生息している。

 動物の中には，自分の生息する地域，空間などにテリトリー（勢力圏）を設ける習性があり，同じ種同士でも戦って守っている。人類は，地球の土地，海，上空においても所有権を設け，その地域に存在する資源の奪い合いなどを行っている。これまで水資源，エネルギー資源，鉱物資源などの所有権をめぐり戦争が世界各地で行われており，近年では，生息している生物が持つ遺伝子資源，漁業権に関しても所有権が争われる。自然に生息する生物の生存権に関しても

図 I-2-2　地球に小惑星衝突後（環境変化後）繁殖したオーム貝

人が管理するようになっている。数億年も生息してきた生物を人類が持続的に管理できるかは疑問である。

　人類は，昔から里山，里海といった多くの人で共有する土地や海を定めたり，その土地に入ることを制限する入会権，入浜権を設定し，持続可能性を維持しようとしてきた。しかし，このコモンズ（共有，または共有地）の考え方は失われつつある。コモンズの悲劇は世界各地で急速に進みつつある。「生物の多様性に関する条約（Convention on Biological Diversity：1993年発効）」でも，自然に存在する遺伝子の利用に関した「遺伝資源へのアクセスと利益配分（Access and Benefit-Sharing：ABS）」に関し，その所有権について先進国と途上国および先進国間で争われた。米国のように自国の利益が喪失されることを懸念して条約に参加しない国もある。生態系は，人類が生きていくために最も重要なシステムであり，維持できなければ自身が喪失してしまうことになる。生物多様性を保全するには，遺伝子，種，生態系を守らなければならない。

　養殖（「漁業法」[1901年制定]）や家畜の繁殖（「家畜改良増殖法」[1950年制定]）は人工的に行われており，対象となる生物の誕生や寿命は人が決めている。ほ乳類である家畜においても「家畜人工授精用精液」を用いた人工授精で誕生させ，計画的に生命管理が行われ食料となっている。対して，（自然）海に生息する鯨は，人類と同じほ乳類であることで生存権が国際的に争われている。生物が地球で自然に生きる権利を人が決めていることになる。他の猟で捕らえている生物は，人類の人口が少なく自分の食する分だけ捕っていた頃は，食物連鎖に従い自然の生態系循環の中で行われていたと思われる。しかし，地球上に莫大に増加した人類が，自然のシステムの中で食料を調達することは不可能である。植物を人工的に管理する農業をはじめすでに定着した食料供給システムが存在し，今後海産物，畜産物に関しても科学，技術の発展により人工的食料生産が研究開発されていくと考えられる。

　弥生時代（紀元前5世紀頃から）より人工的な鉄器や青銅器を用いた道具を使って耕作地が作られていき，現在では人工的に整備された広大な農地が世界中に広がっている。ただし，日本では，第2次世界大戦での敗戦後，連合軍によって農地改革が実施され，1946年公布の「自作農創設特別措置法」および「改

正農地調整法」に基づき大地主は解体された。当該法律に基づき，農村に居住していない不在地主の貸し付け農地はすべて取り上げられ，在村地主でも平均1 ha（北海道は4 ha）の農地の所有に制限され，自作農であっても平均3 ha（北海道は12ha）となった。これにより，農地を持った小作人が多くの土地を売ることができるようになり，経済成長時に工場，住宅地用に莫大に売却され，土地成金と言われる富豪が誕生した。金融機関も転売地の汚染による浄化費用（負債）が問題になるまでは，土地を担保にした融資が主要な視点となっていた。

人は，自然にあるもののあらゆるものに値段をつけ，特に不動産に関しては，人の資産として重要なものとなっている。国によっては，土地に関してオープンスペースの概念を持っているが，基本的には土地は個人または国，地方公共団体が所有している。日本では，売買価格，固定資産税の評価の指針として，行政によって土地公示価格，路線価等を発表している。土地は，みんなのものというより誰か個人の持ち物といった概念が定着してる。国家間においても領土問題は各地で起きており，上空においても領空（領海と領土上の空間）に排他的権利を主張している。人が住んでいなかった大陸である南極大陸にまで各国が競って領土としようとしたが，南極地域は「南極条約（Antarctic Treaty：1961年発効）」で領土主権，請求権を凍結している。1991年には「環境保護に関する南極条約議定書」が採択され，少なくとも50年間は石油その他の鉱物資源の探索を禁止している。化石燃料の枯渇が近づく中で今後の動向を見守りたい。

人が所有する空間は宇宙にも広がっており，地球の周りには，低高度に膨大な数の通信衛星が飛び回り，高高度になると観測衛星，軍事衛星などが飛んでいる。近年では，衛星同士が衝突したときなど発生する残骸が，数万個も宇宙ゴミ（スペースデブリ）となって地球の軌道を高速で周回している。この危険なゴミ対策は，衛星や宇宙遊泳時の安全を保つための重要な項目になっている。一方，宇宙の所有・占有に関する国際的なコンセンサスとして，「宇宙条約（「月その他の天体を含む宇宙空間の探査及び利用における国家活動を律する原則に関する条約[Treaty on Principles Governing the Activities of States in the Exploration and Use of Outer Space, including the Moon and Other Celestial Bodies](1967年発効)」が作られ，宇宙の特定の国による領有は禁止されている。複数の国の共同プロジェクトとして，国際宇宙ステーションの開発も進んでおり，特殊な環境における科学技術の研究開発も行われている。しかし，特定の国では軍事的な意味を持つ開発も実施していることから，宇宙のコモンズを維持していくことは重要である。

(3) 生産性の向上
① 地下資源

「資源生産性」が向上することで，資源から供給されるサービス量が増加し，省資源・省エネルギーを向上させることができる。人を除く生態系システムは，合理的な物質循環システムが創られており，生物が発生し命を持った後，生と死が繰り返されている。しかし，人類は自然に不可逆的な変化を与えており，自分が必要としているものを「資源」と位置づけ，再生や資源循環のことを考えず廃棄への一方向で物質を移動させている。資源が枯渇した時点でこの活動は破綻する。極めて単純な行動で，人の生活（あるいは生命）の破滅を伴っているにもかかわらず，短絡的な発想である。超長期的に見ると，人類が死滅（または自滅）した後，地上を支配するのは新たな生物に変化するとも考えられる。実際に，自国の経済成長を理由に地球全体の環境変化を考えない国も存在し，持続可能性よりも生存できる時間のみを優先する価値観も存在することは明らかである。

わが国においても，2011年の福島第一原子力発電所事故以降，全国の原子力発電所の電力供給を停止しても，積極的な節電を行っていた者は少なく，快適な生活のためのサービスを得るため，化石燃料を大量に消費している。さらに，2016年の電力自由化の後，化石燃料の中でも最も安価な石炭が大量に利用されている。石炭火力発電は有害な物質を排出し，エネルギー効率が悪く二酸化炭素の排出量が多いため，環境負荷が大きい。日本も持続可能性より，サービスを保ったまま（GDPを維持したまま）短期的な経済的な利益を優先している。ただし，石炭火力発電の環境負荷減少に関しては技術開発による対策も行われており，石炭をガス化し有害物質除去，高効率化を図ったIGCC（Integrated coal Gasification Combined Cycle：石炭ガス化複合発電）発電などが進められている。生産性向上と汚染防止のブレークスルーになることを期待したいが，ローマクラブの『成長の限界』（1972年）では，「技術による環境問題を技術で解決することは極めて困難であること」を指摘している。新たな技術が使われると，また新たなリスクが発生するおそれがあるため，新技術の事前アセスメントが重要である。IGCC発電の場合，石炭に含まれる複数の有害物質除去やガス化した可燃性ガスの取り扱い管理などの点検項目が挙げられる。他の新技術でも同様に事前アセスメントが必要である。

②農水産物

　国際的な食料需要の増加，肉類や魚類，または季節や栽培地に関係なく需要が高まる農作物など，人の食への欲求は高まる一方である。この需要に応えるために，供給者サイドでも生産性を高める技術開発が進められている。畜産物生産は，前述の人工授精による家畜の繁殖や抗生物質（病原体の感染を防止する薬剤）を含ませた人工飼料，牛舎・豚舎などでの工業的飼育を行っている。これにより数年かかっていた成長を1年半程度に短縮でき，生産性が飛躍的に向上している。大量の畜産物製品提供が可能になった。また，農作物は，化学肥料，エネルギーを莫大に使用し不自然を作り出す温室，化学農薬，微生物農薬などが技術開発され，安定した生産，二毛作，三毛作など生産量を飛躍的に拡大させている。ただし，不自然な環境を作り出しているため，鶏舎や豚舎などでのウイルスなど病原体による集団感染，化学肥料に含まれる硝酸性窒素過多による土壌汚染（耕作地破壊）なども発生している。エセックス大学のジュールス・プリティ（Jules Pretty）は，1996年の英国における農業を分析した研究論文「近代農法の真の代償（The Real Costs of Modern Farming）」で，この近代農業がもたらした環境破壊を明確に分析している。この論文で，「化学を利用した農法に起因する水質汚染，土壌侵食，そして野生の自生地の喪失は地球に損害を与える（Pollution of water, erosion of soil and loss of natural habitat, caused by chemical agriculture, cost the Earth.）」として，現在の化学農業は一時的に生産性を高めても持続可能性がないことを主張している。

また，食糧生産には，生物の生育，生死が伴うため，倫理的な問題が注目される。生物が食料として工業的に生産されるだけでも残酷な面があるが，この部分のみは目をつぶる者が多い。人がもっと高い知的生物に支配されるようになるとどのように思うのだろうか。一方，高い価値がある食材についてはさらに残酷な行為が行われている。高級食材とされるフォアグラは，ガチョウまたはアヒルを人工的に（無理に，または不自然に）肥大させて肝臓を作っているため，動物虐待である。フカヒレは，海で捕獲された後，ひれのみを切られ海に戻されている（捨てられている）。

石油が採取されなかった頃は，欧米の国々が鯨油をとるために捕鯨が盛んに行われていた。捕られた鯨は，当時コルセットに利用されたひげなどのみ取られ，肉の部分は海に捨てられた。江戸時代末期，日本に黒船で現れたペリーが日本に要求した大きな理由が，米国の捕鯨船への食料などの補給である。宮城県・金華山沖には数百隻の欧米の捕鯨船が現れたという。生態系の最も上位にいる鯨の大量捕獲喪失は，当時海の生態系を大きく崩したと考えられる。日本では，昔から寄り鯨（座礁した鯨）や小さな船が何艘も協力して捕鯨し，貴重な食料（タンパク源）として漁村などで分け合って食べたことが古代文献などで確認されている。当時としては，怪物のような大きな魚（実際にはほ乳類で

図1－2－3　映画『ザ・コーヴ』の撮影現場となった浜（森浦湾入り江：和歌山県太地町）（吉野熊野国立公園：2車線道路脇にある）

あるが）として余すことなく食していた。鯨油目的で捕鯨をしていた欧米とはかなり扱い方が異なる。鯨塚，鯨を祀った神社も各地に存在している。

　イルカも鯨の一種（一般的に体長4m以下のもの）であり，漁猟の一種として各地で行っている。イルカは現在では，人が愛着を持つ生物となっており，魚のように獲って食べることが欧米人をはじめ多くの人に残酷な行為として見られている。しかし，昔より地域文化，食文化として捉えている者も多く，現在でも昔ながらの猟が行われているため国内外から非難されている。2009年に第82回米国アカデミー賞長編ドキュメンタリー映画賞など国際的な多くの賞を受けた『ザ・コーヴ』（The Cove）では，日本国内（和歌山県太子町）で現在も行われている伝統的なイルカ猟に対して，強い批判を繰り広げている。映画で撮影されている猟は秘密裏に行われ撮影を拒絶されているシーンがあるが，実際には漁猟は一般的に行われており，一般公衆の見学を拒んではいない。撮影場所となった場所も道路脇にあり，伊勢エビ等密漁禁止の標識のほうが目につくような場所である。捕鯨のようにノルウェー式捕鯨技術（ロープが付いた銛がミサイルのように発射し，刺さると先が火薬で爆発し，針が内部に刺さり抜けなくなる：沈んでしまうザトウクジラなども確実に捕獲できる）など猟の技術向上はなく，むしろ伝統的な手法を行っている。生産性向上より文化的な面が強い。

　他方，「生物の多様性に関する条約」に基づく「カルタヘナ議定書」では当初「バイオテクノロジーにより改変された生物（Living Modified Organism：LMO）であって，生物の多様性の保全および持続可能な利用に悪影響を及ぼす可能性のあるものについて，その安全な移送，取り扱いおよび利用の分野における適当な手続き（特に事前の情報に基づく合意についての規定）」を中心に検討されていたが，その後議論は，前に示したように遺伝子資源の価値の配分に移っている。生産性を高くする遺伝子や価値を創造，または向上する遺伝子（または遺伝子配列：バイオインフォマティクス［bioinformatics：生物情報科学］上の価値）が自然から発見された場合の所有権（配列の著作権，工業的利用の産業財産権）が問題となっている。現在では，遺伝子配列は化学合成できるため，利益の確保に関してはさらに難しくなっている。

③遺伝子操作

　遺伝子を操作（遺伝子組換え，遺伝子融合，クローン生産など）を行うことによって，畜産物の質（美味しさ）を高め，病原体に強く成長が早い家畜を工業的に創ることができる。クローンで増殖する場合は，同じ遺伝子を持った同じ形状を持った個体を作り出し，高品質の食糧生産が可能となる。発生工学の進展によって新たに生物（または細胞）を発現することもできる。人の生活，健康維持にとっては極めて有効であるが，クローンとして作られた生体と元に存在した生物等の関係，全く同じ遺伝子の生物が世の中に存在すること，優秀な遺伝子のみで作られた生物が存在することに不自然を感じる。生物多様性保全のための方法に，絶滅危惧種などの遺伝子の保存（遺伝子バンク）が行われ，自然保全のために生命が人の手で作られることになるのだろうか。遺伝子操作技術を生物兵器など軍事目的に使用されたり，CSRを考えない企業が利用した場合の環境変化が懸念される。

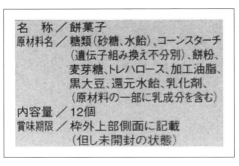

図1－2－4　遺伝子組換え不分別の表示例

　また，遺伝子組換え農産物を使用した食品（遺伝子組換え食品）に関しては，国によってリスク評価に関する法令が異なる。わが国では，遺伝子組換え食品の区別に関して厳密に行おうとしており，輸入食品などの科学的チェックを実施している。また，販売時には表示義務（遺伝子組換え，遺伝子組換え不分別）があり，購入時に遺伝子組換え食品であることが確認できる。遺伝子組換え技術を利用することにより，自然界で強く生きることができ，味など良質な農産

物が栽培することができる。これにより安価でよい商品が可能となる。しかし，遺伝子組換え農作物の食品摂取による健康被害については，科学的な解析が十分に行われておらず，アレルギーなどが自分に発生するか否かは食べてみないと確認できない。したがって，自分には健康影響のリスクがあるかないか科学的にはわからないが，他の食品と同様に事後判断で調べることとなる。任意表示となっている「遺伝子組換えでない」という表示が，却って食品販売のための安全戦略（リスクに関しては不明なままだが，リスクがあるかもしれないものを食べることを避ける）になるということとなる。

　他方，遺伝子組換えにより自然界の生物より強くなった生物は，自然の中で繁殖を続けていくことになる。米国からメキシコに繁殖した遺伝子組換えトウモロコシは，メキシコ産トウモロコシの生産性を高めたが，知的財産（遺伝子）を不正に利用したことで国際司法裁判所で米国への多額の損害賠償支払いを命じる判決が出されている。他方，日本に入り込んだ遺伝子組換え菜の花が，国内で繁殖する事態も起きている。いわゆる外来生物と同様に在来種の植物が駆逐される可能性があり，生態系の変化，環境破壊につながる可能性がある。

(4) 資源消費の指標
① コモンズの悲劇

　鉱物・エネルギー資源は採掘，運搬，精製され人が消費するまでのコストの大きさで販売価格が変化する。この値段で地下から掘り出すために採掘可能な量（または，鉱物中に含まれる目的物の存在可能率，あるいは濃度）が決められる。技術の進歩で各種コストが下げられ，販売価格が維持されると採掘可能量が増加する。または販売価格が単純に上昇しても採掘可能量が増加する。現在の「もの」，「サービス」を維持しようとすると，資源コストを上昇させれば採掘可能量は増加する。世界の消費量が予想できれば採掘可能期間も算出できる。衛星によるリモートセンシング技術や地上における地下測定技術も向上していることから，新たに鉱山や油田などが発見される可能性は低い。ただし，資源（目的物質）が化合物になっていたり，サンドオイルのように物理的に付着していたりしているものを，これまでと異なった方法（技術）で採取できる

ようになっても採取可能量は増加する。

　しかし，地球は有限であるため，いずれ資源は減少していき枯渇する。採掘可能量の増加は長期的視点では一時しのぎに過ぎず，枯渇の速度を上げていくだけである。消費量が増加すれば資源は急激に減少していき，価格は高騰を続け，貧富の格差が「もの」と「サービス」を得られる者を限定していく。人の欲望は資源が枯渇するまで，あるいは生活が維持できなくなるまで，止めることが極めて困難である。いわゆる「コモンズの悲劇」が地球上で大規模に発生するおそれが現実となる。古代文明が消滅した理由は，食糧などバイオマスを持続的に供給できなかったことが多い。イースター島にモアイ像が残されている風景は，文明の崩壊が身近に起こることを感じさせる[9]。ただし，この悲劇は資源枯渇によって社会問題を生じさせるケースを示しており，資源消費によって環境中で物質バランスが変化した問題まで踏み込んでいない。人の活動で環境破壊物質が使用されれば，地域から広域にわたる環境汚染問題，気候変動や海流の変化，海の酸性度の変化など生態系へのダメージは計り知れない。

　一方，人の生活に不可欠な食料に関しては，自然界で行われている光合成によって生成されるバイオマス（$6H_2O + 6CO_2 - 光 \rightarrow C_6H_{12}O_6$ ［有機物（バイオマス）：糖］$+ 6O_2$）は持続可能に生産される植物の存在で維持することができる。人口増加，農作物を飼料とする畜産業の拡大を受け，前項で述べたとおり農業の工業化が進められている。1941年よりロックフェラー財団が世界各地で行った「緑の革命」は，この技術の普及を拡大させた。コストをかけ農業の生産性が高まったことによって，土地を持たない農業従事者の仕事を奪い，巨額の資金を借りてインフラストラクチャーを整備した途上国は莫大な債務を抱えることになり，自国の貨幣の価値を急激に下げることとなった。これにより，途上国から安価になった鉱物，エネルギー資源および付加価値がある農作物が，先進国へ大量に輸出される強固なルートが作られた。その結果，先進国では安価になった資源のおかげで，「もの」が溢れかえり，快適な生活のための豊富なサービスが当たり前になった。食料に関しては，無駄に作られた食品を有効利用するためのリサイクルがさまざまに考え出されて，法令での対処も必要となっている。食料として作られたものが人に食されることがなく，別の使い方

を考えなければならないといった社会的矛盾である。貧富に基づいた国際的経済システムは，途上国の子供に教育の機会，食べ物さえも奪っている。

図1－2－5　日本に莫大な量が輸入される安価なパイナップル（バイオマス）

そもそもの大きな要因は，先進国政府や国際的な金融システムに社会的責任の視点が欠けていたことである。この問題に対処するために，NGOが途上国における子供，女性の違法な労働などを行っている企業を評価公表している。社会的責任を持った企業には，信用に基づいたNGOの認証も行われている。認証された企業はロゴマークが与えられ差別化され，一般公衆も確認できる。ESG活動を社会に示す1つの方法といえる。事後対策として資源消費を少なくするための減量化を図り，人工的に作られたものに関しては，リユース，リサイクルをしなければならなくなった社会システムを見直す必要がある。資源が安価に手に入るようになり，単純な消費が拡大し続けることへの改善策を検討するほうが合理的である。リサイクル率が高まっても，「もの」の寿命が短くなっては本末転倒である。さらに，この社会システムを支えているさまざまな技術に関しても，その負の影響を真摯に受け止め確認（事前評価）し，事前対策を実施する必要があるだろう。

②エコロジカルフットプリント

また，人類が資源にどの程度依存しているかを示す指標として「エコロジカル・フットプリント（Ecological Footprint：環境に負荷をかけている足跡）」

という考え方がある。この指標では，大きな足跡が示されるものほど資源を多く消費していることを意味している。また，資源消費を環境負荷と捉えている面もある。環境負荷は科学的な知識や専門用語を理解していなければ状況を把握することが難しいため，比較的容易に確認することができる指標としての役割がある。一般公衆への資源消費の抑制，無駄削減（あるいは廃棄物削減）を啓発する場合に有効であるが，不確定要因が多いため直接各国政府への意識向上につなげることは困難である。

図Ⅰ-2-6　キチン質の殻を持つエビ（殻は生分解性プラスチックの原料となる）

　鉱物やエネルギー資源は有限なものであるため，先を争って消費するとエコロジカルフットプリントは急激に大きくなり資源が枯渇し，現在の人の生活に持続性がなくなり破綻へと向かう。これには，1人当たりの消費量の増加と人口増加が相乗的に影響し，現在の世界の状況から察すると，突然終焉を迎えることになる。この対処として，使用済製品に含まれる化学物質を取り出し，マテリアルリサイクルあるいはサーマルリサイクルで資源循環を行い，現在の生活を維持する（または延命させる）試みが進められている。都市鉱山という言葉も生まれ，廃棄物から資源を回収することが期待されている。また「もの」のサービス量を増やすために長寿命性の材料が次々開発され，省エネルギーを図るための軽量材料，断熱材・断熱方法など商品価値を高めている。さらに，

ナノテクノロジーをはじめ原子レベルの大きさでの操作は，リサイクルの可能性を急激に高める潜在的なポテンシャルを持つ．分子レベルの大きさのポリ乳酸（polylactic acid）[10]，キトサン（chitosan）（キチンから生成）[11]，または紙（セルロース）など生分解性の材料も開発，普及し，商品化が進んでいる．生分解の性質を持つ材料は生態系の中で自然循環されていくことが期待され，焼却処理されてもカーボンニュートラルであり大気中に二酸化炭素を増加させない．ただし，大量の使用済み商品が排出されると，環境中の特定地域の栄養分が過多となり，赤潮，青潮などの水質汚濁なども懸念される．事前に適正処分の検討・対策が必要であろう．これらは，ESG 戦略の 1 つともいえ，エコロジカルフットプリント拡大の対処となる．

　他方，再生可能な資源であるバイオマスも，生成より消費が上回れば枯渇へ向かうこととなる．人類が生存するために不可欠な農作物もバイオマスである．農作物のエコロジカルフットプリントは，一般的に耕作地の面積で表される．農業技術の進歩により，単位面積当たりの収量は増加しているが，農地への過多な化学肥料投与による土地の疲弊（窒素分過多による硝酸性窒素による害）なども起きており，中長期的には収穫量は不安定と言える．漁獲物はまだ漁猟が多く，自然の再生能力に頼る部分が多い．海洋に関しては，国際的にその所有権や管理に曖昧な部分が多く，利益のみを求めて底引き網など根こそぎ漁獲物を獲ると，海の生態系は崩れ海生生物の生息を危うくする．食料としてみれば，資源枯渇となる．その対処として養殖技術の開発が進んでいるが，不自然な（人工的な）環境での生育や，伝染病などの予防のため抗生物質が投与され，早く成長させるための人工的な餌などが魚類に与えられている．人が食物として摂取した際の影響について問題視されることもある．また，鯨はほ乳類であることから猟が倫理的に問題であることを訴える人，団体もある一方，養殖できればよいといった意見もある．この問題は多くの矛盾を抱えているため，慎重議論が必要である．なお，畜産業における牛，豚，鶏，ガチョウ・アヒル（フォアグラ），実験動物なども工業的な生育も倫理面で問題になっており，今後の課題である．エコロジカルフットプリントは，個別の問題になると複雑な要因が発生する．

また，経済システムの発展による金融効率の向上は，安価な農作物生産を推し進め，経済力がある国が低い食糧自給率でも食料供給が維持できる国際的な状態を作り出している。国ごとのエコロジカルフットプリントを公表している「グローバル・フットプリント・ネットワーク」（環境NGO，本部：フランス）が2017年に示したデータでは，世界の人の生活を支えるには地球が1.7個分必要であるとしており，すでに「地球が生産，吸収できる能力を超えてしまっている」としている[12]。この数値が正しければ，世界の食糧供給は極めて困難であると言うことになり，貧富の格差（途上国が向上すること，あるいは国内における貧富）の解消も生活の維持という根本的な問題の壁に阻まれることになる。また，世界の人が日本人と同じ生活をすると地球が2.9個必要であると示している。日本は，現状の技術ではエネルギーも鉱物資源もほとんど自給できず，食糧自給率も4割以下（2018年現在，カロリーベース：穀物ベースでは3割以下）である。経済力の低下（日本の場合，知的財産の喪失）は，国民の生活が維持できないという極めて深刻な事態となる。

　エコロジカルフットプリントの考え方は，国際的に問題となっている水不足の対策の際にも利用されており，水消費状況把握の指標（ウォーターフットプリント）としても使われている。水は農作物に含まれ国内外を移動する量も多く，工業製品を作る際にも使用されている。この水はロンドン大学のアンソニー・アラン（Anthony Allan）が提唱した仮想水（Virtual Water）と言われるもので，実質的な量を確認することは難しい。また，地球温暖化原因物質である二酸化炭素の排出量を表す際にも応用されており，カーボンフットプリントとして示されている。カーボンジキサイド（carbon dioxide：二酸化炭素）エミッションフットプリントというべきであるが，カーボン（carbon：炭素）を二酸化炭素の排出量（the amount of carbon dioxide emissions）としている。したがって，エコロジカル（ecological）に関連する環境負荷についての定量的な測定値指標として汎用されている。

　一般消費者が直接確認することはほとんどない資源を採取する際の副産物も大量に廃棄物として排出されている。貴金属や多くのレアメタルは高価なため，鉱石の存在率が低くても採取され精製される。その際に大量の廃棄物が発生し，

含有物にはヒ素やカドミウムなど有害物質も含まれる。カドミウムは，イタイイタイ病事件被害の原因物質であり，亜鉛を採取する際に発生した副産物に含まれていたものである。近年では金価格の高騰により存在率が低い鉱石や使用済製品から金を分離する際に使用される水銀の有害性が国際的に問題となっている。すでに多くの水銀病被害者が発生しており，2017年に「水銀に関する水俣条約」が発効している。環境問題解決のために「資源生産性の向上」を提唱しているドイツのヴッパータール研究所では，この副産物を「エコリュックサック」と称して目的生成物との比率が大きいものほど環境負荷も大きくなるとしている。なお，水銀公害に関してわが国では，高度成長期に熊本水俣病事件，新潟水俣病事件が起き，大きな社会問題を引き起こした経験があることから，水銀対策に関して国際協力ができる可能性がある（しかし，国内における被害者救済も未だ解決していない）。

I−1−3　環境監視（モニタリング）

概要

　これまで起こった環境汚染事件で解明した環境リスクに基づき排出規制が制定されており，再発防止対策が行われている。また，ハザードを事前に調べSDS（Safety Data Sheet）を整備し，排出量情報からリスクを予想することも試みられ予防も検討されている。モニタリング方法は測定技術の向上により日々進歩しており，そのレベルに応じて法令も変化し，よりリスクを低減するシステムが作られている。事業活動で汚染のおそれがある場合は，CSRの観点から事前対処が必要である。環境コストは，対処が遅れるほど大きくなる。また，ハザードに応じて曝露管理が行われているが，放射性物質汚染のように新たなハザードが生じた場合の対処は困難を要する。特に，慢性的な影響を持つハザードについては原因と被害の因果関係を証明することが困難であるため，対策が遅れることもある。ESGの観点から企業活動全般および商品の環境リスクを低くすることで，合理的な企業戦略が実現する。

検討

　有害性，危険性のハザードに応じて，法令の基準値が定められていることを確認し，今後はESGの一環として環境リスク低減が必要となっていることを考える。

キーワード

　環境リスク，ハザード，曝露，再発防止，SDS，モニタリング規制，CAS，PRTR，光害，フィード・イン・タリフ制度，ナイロビ宣言，ドッド・フランク法，プルトニウム，原子力規制委員会

(1)基準値

　何らかの化学物質によって発生する環境汚染は，自然環境中で何らかの反応（化学的反応，生物学的反応）を伴い環境を変化させる。人の健康または財産に損害を生じさせると改善のための措置および補償が必要となる。環境法令が制定・発効されていれば，行政によって対処が行われ，一般公衆の平穏無事な生活が守られる。しかし，法令が定まっていないと，国から強制的に汚染防止対策を要求されることはない。被害者が損害に関して賠償を求めるには，裁判で加害者の不法行為に対する故意または過失，因果関係を自ら証明しなければならない。これには化学，医学など専門的な科学的データが必要となり，巨額のコストを費やすことから原告の負担は大きい。1960年代に問題となった公害

では，被告が大企業で明確に争う意志があり，政府および有名大学の教員も被告サイドの証言を行ったため原告は劣勢に立たされている。しかし，公平な立場・意志で調査分析した学者，弁護士，被害者の根気強い活動で最終的には原告が勝訴している。ただし，政府，加害者の被害者救済に関しては不明確な部分が多く，その後も争いは続いている。自らの不法行為を認めず，工場周辺住民と争うというCSRとは全くかけ離れた対応は，一時的な利益を確保する非常に愚かとしかいいようがない。特に，政府やそのお抱え学者の虎の威を借りた争いは，弱者の人格権を軽んじている。

現在の多くの企業は，以前に工場周辺住民と公害に関して争ったところでも180°方向転換し，住民とのリスクコミュニケーションを図り，社会的な貢献も行っている。被害を発生させた公害事件の原因物質の環境放出に関しても，環境法（公害法）による規制が整備され再発防止が図られている。汚染物質の被害発生のメカニズム（自然界における食物連鎖など），経路などが調べられ，有害性（ハザード）に基づき環境中に放出された場合に被害を発生させる限界量（閾値）が求められた。自然には自然浄化作用があるため，その能力を超えると自然破壊が発生する。ちなみに有害物質の「環境リスク」を定める概念式は，「ハザード×曝露」で示される。環境法における排出基準値（曝露）は，上記限界量未満に抑えるために，濃度あるいは総量で定めている。この測定方法についても確かな再現性が必要とされるため，法律細則に日本工業規格（Japanese Industrial Standard：JIS）で定められている方法を利用することが規定されている。大気汚染防止法，水質汚濁防止法などで適用されている。

化学物質のハザードを科学的に調査するには，比較的高額のコストを要し，対象となる種類が極めて多いため化学関連産業ではコストが膨れあがる。国際的に信頼性が高い情報としては，人への有害性についてはACGIH（American Conference of Governmental Industrial Hygienists, Inc：米国産業衛生専門家会議）が公表するデータ（「作業環境における化学物質の許容濃度」），致死量についてはNIOSH（National Institute for Occupational Safety and Health：［米国］国立労働安全衛生研究所）が公表するデータがあげられる。各国政府の労働安全衛生および環境保全を管轄する部門からSDS情報（個別化学物質

の性質を一覧表にしたもの）として公表（「化学物質有害性影響登録」）している場合もある。また、関連産業界、意識の高い企業が独自に公表しているものもある。ESG の観点から、関連する企業はインターネット等で公表を行う必要があると思われる。

EU で2007年に施行した「REACH 規制（Registration, Evaluation and Authorization of Chemicals）」は、EU 市場内で取引される化学物質に関してSDS の提出が要求される。この規制は EU で1990年代より検討されてきたものである。米国の「TSCA（Toxic Substances Control Act：有害物質規制法）」、日本の「化学物質の審査及び製造等の規制に関する法律」など、各国政府もSDS データの整備を図っている。科学技術の発展に伴い新たな化学物質は増加しており、CAS（Chemical Abstracts Service）では、"CAS Registry" に1800年代はじめから現在までの科学論文で確認された化学物質のほとんど全部を収録しており、個々に "CAS Registry Number" を付している。登録数は2018年段階で1億4,200万物質を超えており、1日に約1万5,000物質（2018年5月現在）が追加されている[13]。生活にかかるリスクをできる限り低減させるには、これらすべてについて SDS 情報の整備が望まれるところであるが、大量に使用されるものやハザードが極めて高いと予想される化学物質について優先順位をつけて調査していくべきであろう。国際機関、政府および直接取り扱う企業が協力して、誰もがアクセスできるデータベースを構築していく必要がある。化学物質のハザードに関する定性が確認できれば労働安全衛生等管理などがより向上し、科学的な検討に基づいて環境リスクを下げるための曝露量、すなわち排出限界量を定めることも期待できる。ただし、莫大なコストが予想されるため、取り扱う各主体は国際的な協力の下で効率的に進める必要がある。

現状では、法令による直接的な規制によって排出基準値がない化学物質が環境汚染を引き起こすおそれが残っている。この対処として、事業者または産業界で生産活動から排出される化学物質および製造品に含有されるものを自主的に公表する方法が望まれる。正確な情報整備には、サプライチェーンも含めた管理が必要である。

OECD（Organization for Economic Cooperation and Development）が1996

年2月に加盟国へ導入勧告を行ったPRTR（Pollutant Release and Transfer Register）制度では，「企業から排出または廃棄される汚染の可能性のある物質の種類と量を記録し，行政がそのデータを管理規制する」ことが求められている．この勧告を受け，日本では1999年に「特定化学物質の環境への排出量の把握等及び管理の改善の促進に関する法律」を公布し，行政による事業所からの化学物質放出情報公開が進んでいる．欧米では，OECD勧告以前に米国で有害物質放出目録（Toxic Release Inventory：TRI）制度，カナダで国家放出インベントリー（National Pollution Release Inventory：NPRI）制度，英国で化学物質放出インベントリー（Chemical Release Inventory：CRI）制度など，法令による規制が定められている．企業ではCSRレポートで当該情報も公開しているが，化学物質名称を記載しても一般公衆にはわかりづらく，あまり環境リスク理解に直接結びついていない．行政へも申請することで個別事業所の情報が得られるがあまり問い合わせはない．基準値に関しても，数値による比較やリスクの周知に関して，一般公衆が理解することは困難である．また，科学技術の発展は分析技術のレベルを高め検出下限を指数関数的に向上させ，測定精度が飛躍的に高度になってきている．これにより，濃度，量による規制はより厳格な基準設定が可能になっている．たとえば，ピコ（10^{-12}）gレベルの化学物質が検出できるようになり，環境中での挙動，汚染メカニズム，医学的

図1-3-1　米国のPRTR制度"Toxic Release Inventory"情報の冊子による公開

解析など新たな知見が整備されてきている。

　物理的な環境問題については，騒音，振動や光害などがある。騒音，振動に関しては，騒音規制法，振動規制法によって規制されている。光害は，照明，反射光によって不自然な状態になることで都市を中心に夜間照明が増加し，ライトアップ，事業活動による照明など特定地域が明るく照らされることによって生じる害が世界各地で問題となっている。生物の体内時計が狂い生態系への悪影響も発生させている。省エネルギー技術が発達し，LED（Light Emitting Diode）照明などが多用されてきたことで今後も光害が増加することが懸念される。法令によっては規制されていない（2018年5月現在）が，環境省で1998年に「光害対策ガイドライン」を発表し，その後改正も行われ，ガイドブック，マニュアルも示されている。地方自治体による条例も複数施行されている。国際照明委員会（Commission internationale de l'éclairage：CIE）による技術面から考慮した「屋外照明による障害光抑制ガイド」も適宜公表されている。ただし，防犯面においては夜間の照明は重要なインフラストラクチャーであり，多方面からの検討が必要である。

　波長の短い光（電磁波）である放射線は，生体への直接悪影響を及ぼす。放射線の曝露量が大きいと急性的に健康障害を発生するが，線量が少なくても生体に吸収され蓄積されるため長期間にわたると障害のおそれがある。原子力発

図1－3－2　放射線量測定局

電所とその周辺に関しては，「原子力基本法」第 5 条第 2 項に基づくガイドラインで，行政および原子力発電事業者で放射線のモニタリングを行い，インターネットおよび行政掲示板などで公開されている。

　原子力事業者等に対する検査制度の見直し，放射性同位元素の防護措置の義務化，放射線審議会の機能強化などの措置を講ずる法律として「核原料物質，核燃料物質及び原子炉の規制に関する法律」が運用されており，福島第一原子力発電所事故ののちシステムが改善されている。放射線測定においては，環境省が公表した「放射能濃度等測定方法ガイドライン（2013 年 3 月）」（2018 年 5 月現在）に基づき測定されている。

(2)測定項目
①環境汚染モニタリング

　1982 年開催のナイロビ会議（国連環境計画特別会合）で採択された「ナイロビ宣言」[14]の第 2 項では，環境悪化の内容について次のように示されている。

　「……幾つかの無統制又は無計画な人間の行為は，ますます環境悪化を引き起こしている。森林の減少，土壌及び水質の悪化並びに砂漠化は，驚くべき規模のものとなりつつあり，世界の多くの地域において，生活条件を深刻に脅かしている。劣悪な環境条件に伴う疾病は，人類に悲惨な状況をもたらし続けている。オゾン層の変化，二酸化炭素濃度の上昇，酸性雨等の大気の変化，海洋及び内水の汚染，有害物質の不注意な使用及び処分並びに動植物の種の絶滅は，人間環境に対する一層の深刻な脅威となっている。」

　当該会議が開催されていたときには，オゾン層の破壊の原因はまだ明確に解明されておらず，また地球温暖化の原因として二酸化炭素の放出について国際的なコンセンサスが得られていなかった。その後，主なオゾン層破壊物質が塩素化合物であるフロン類（Chlorofluorocarbons：CFCs）および臭素化合物であるハロン類（Halons）であることが科学的に解明され，国際的なコンセンサスのもと「オゾン層の保護のためのウィーン条約（Vienna Convention for the Protection of the Ozone Layer）」が 1985 年に採択されている。その後 1987 年に採択された「オゾン層破壊物質に関するモントリオール議定書（Montreal

Protocol on Substances Deplete the Ozone Layer)」に基づき，関連製品の生産，使用が段階的に削減され全廃された。一方，1982年の段階で大気中における二酸化炭素の増加が認められ，世界の信頼性が高い研究機関が地球温暖化の原因物質であることを発表しているが，各国政府，特定の産業界の理解が十分に得られていない。1979年に世界気候機関（World Meteorological Organization：WMO）で国際的な気候変動の検討が始まり，当初は現在地球が氷河時代で次の氷河期に向かっていることから地球冷却化が原因と考えられていた。しかし，1988年に設立された「気候変動における政府間パネル（Intergovernmental Panel on Climate Change：IPCC）」による科学的な検討の結果，地球温暖化が気候変動の原因であることが解明され，二酸化炭素等人工的に環境中に放出される複数の原因物質も公表された。その後，1994年に「気候変動に関する国連枠組み条約（United Nations Framework Convention on Climate Change）」がすでに発効しているが，地球温暖化原因物質の具体的な削減を伴う「京都議定書（Kyoto Protocol）」（1997年採択）は失敗に終わり，2015年に「パリ協定」が採択されているが先行きは予断を許さない。国際的な地球温暖化は進行しており，気候変動は悪化しており，海洋の酸性化（二酸化炭素の海への溶解），海面上昇，海流の変化，伝染病の拡大など問題も深刻な状態となっている。ただし，海洋の状況，生物多様性の喪失など生態系の変化は，測定による正確な科学的確認が難しく国際的コンセンサスを得られにくい。この背景には，各国政府，各産業界の経済的利害関係が深く関わっており，ESG活動を進める上での障害になっていると思われる。しかし，中長期的な戦略となると対策が不可欠な要素であり，1982年当時に比較すると国際的な動向は大きく変わっている。

　対して，酸性雨など大気汚染に関しては法令による大気汚染対策が進み，工場，自動車など固定および移動発生源に対し規制がかけられている。企業では商品開発も含めたESGが求められる。水質に関しては汚染源の特定が比較的容易であることから，法令による比較的正確な環境汚染対策が取られている。世界的な水不足問題も顕著になってきており，今後は水消費の減量化も，環境面，社会面で必要とされてきている。多くの先進国では大気中，水域の汚染物

質についてモニタリングが行われ，常時監視しリスク拡大を防止している。モニタリングシステムは世界に広げていく必要がある。大気汚染，砂漠化，海洋ゴミなど複数の国に影響を及ぼす問題は拡大しており，モニタリングに基づく発生源対策は重要である。衛星を使ったリモートセンシング技術を用いた観測もすでに行われており，今後汚染源の特定，経路，被害と汚染との因果関係の解明は向上していくと予想される。製造物責任の幅も広がっており，ESGとして商品，サービスのLCA，LCC（Life Cycle Costing）に基づいた戦略は不可欠である。製造時の排出物，廃棄物の処理処分のコストを削り，エコダンピングしても被害補償に却って大きなコストを要することとなる。企業ではまず情報を整備し，堅固なガバナンスに基づいた合理的な対策を計画，実施していくことが望まれる。

②資源消費・採掘モニタリング

次に示す「ナイロビ宣言」の第8項には，持続可能な食料，材料，エネルギー供給に関した提言が示されている。

「天然資源の開発及び利用のための環境的に健全な管理方法を開発するために，また，伝統的な牧畜方法を近代化するために，より一層の努力が必要である。資源の代替，再利用及び保全を促進する際には，技術革新の役割に特に注意が払われるべきである。伝統的及び在来型エネルギー源の急速な枯渇は，エネルギー及び環境の効果的管理及び保全に対し，新しく困難な問題を提起している。国家又は国家の集団の間における合理的なエネルギー計画の策定は，有益であろう。新・再生可能エネルギー源の開発といった措置は，環境に対し，非常に有益な効果を有するであろう。」

牧畜方法の近代化は急速に進み，農業，漁業にも広がっている。これにより爆発的に増加した世界人口に対応した食料が供給できるようになった。自然に反した生産を維持するには，特殊な機能を持つ化学物質も大量に必要になり，食への不安も拡大させてしまっている。また，国内外の貧富の格差は，富裕層で発生する無駄な食料も拡大させている。一方，国連食糧農業機関（Food and Agriculture Organization of the United Nation：FAO）が定めている農

業遺産では，伝統的な農業技術を保全することが進められており，長年受け継がれてきた技術の再認識も行われている。

新・再生可能エネルギーに関する開発も謳われているが，新エネルギーとして有望視されていた原子力発電（核分裂）は，事前のリスクアセスメントが不十分であったことから，米国：TMI（Three Mile Island）原子力発電所事故（1979年），ロシア（旧ソ連）：チェルノブイリ原子力発電所事故（1986年），日本：福島第一原子力発電所事故（2011年）で重大な事故を発生させている。これら事故は，「シビアアクシデント（Severe Accident：SA）」[15]と呼ばれる設計基準を大幅に上回った甚大な事態（原子炉の炉心に重大な損傷が起きるような事態など）となり，莫大な被害を引き起こした。

再生可能エネルギーは，火力発電（石炭，石油，天然ガス）や原子力発電と比べると生成されるエネルギー密度が低いことからエネルギー商品として競争力がなく，ダム式の大型の水力発電のみ利益が見込まれる。また，ほとんどの水力発電所は減価償却が終わり，長く持たせれば持たせるほど利益が大きくなる。このような状況の中，風力発電や太陽光発電，バイオマス発電（生ゴミなど一般廃棄物の発電も含む），あるいは小水力発電などに経済的メリットを設けることが行われている。ドイツをはじめ日本など複数の国でフィード・イン・タリフ制度（電力会社による長期固定電力買取制度：以下，FITとする）で経済的な誘導を試み一定の効果を上げたが，電気代の高騰を招き長期的な対策となっていない。

日本においては2012年から「電気事業者による再生可能エネルギー電気の調達に関する特別措置法」（以下，再生可能エネルギー特別措置法とする）が施行されたが，太陽光発電を対象としたFIT制度である「エネルギー供給事業者による非化石エネルギー源の利用及び化石エネルギー原料の有効な利用の促進に関する法律」（エネルギー供給構造高度化法）がすでに2009年に施行されており合理性に欠ける。また，他の先進国に比べ総電力網が少ないわが国において，小規模事業者がFITを用いたビジネスに取り組む場所は限られており，安易な認可制度を運用したことから認可の権利が転売されたり，購入前の土地が所有者の知らないうちに認可が与えられていたりとお粗末な制度となってい

る。さらに，FIT の売電で支払われる総費用の予測，再生可能エネルギー装置が寿命が短いこと，その装置が廃棄された際のリサイクル等処理や処分，莫大な発電設備が広大な自然を喪失（生態系の破壊，生物多様性の破壊）させることなどについて事前対処行われないまま，施行・運用されたため無理な法令施行・運用と思われる。「ナイロビ宣言」の後，ポジティブに再生可能エネルギー導入をしなかったにもかかわらず，福島第一原発事故（2011年）の後，欧米に習ってムラがある政策を行った失敗である。急激に導入された再生可能エネルギーによる発電の持続可能性について調査し，一時的な予算状況だけで今後の施策を推し量ることなくデータに基づいた中長期的な政策判断が望まれる。

③社会状況モニタリング

　1970年代頃から環境問題との関係が注目されていた「人口問題」に関して，ナイロビ宣言第3項では，「環境，開発，人口及び資源の間の密接かつ複雑な相互関係，並びに特に都市部において人口増加により生じた環境への圧迫が，広く認識されるようになった。」と示されており，その後1994年には，エジプト・カイロで「カイロ国際人口開発会議（International Conference on Population and Development：ICPD）」が開催され，人口が急激に増加している途上国における教育制度，医療制度，生活における衛生の向上が必要であることが確認されている。先進国が自国優先を推進すると国際的なバランスは崩れ，途上国にしわ寄せが行く可能性が高い。グローバルコモンズをはじめ世界を考え，地域（足下）から行動していく必要がある。各国の人口増減の状況，衛生状況などを常時モニタリングし，国際的な対処が必要である。多国籍企業は事業所が立地している国の状況，サプライチェーンも含めて入手している材料の入手先など再確認する必要があるだろう。

　米国で2010年に制定された「ドッド・フランク法（Dodd-Frank Wall Street Reform and Consumer Protection Act）」（金融規制改革法とも言われる）第1502条の「紛争鉱物開示規制」では，紛争地域の武装勢力の資金源となっている鉱物輸出を停止するために企業が鉱物の入手先を調査し，米国証券取引委員会（U.S. Securities and Exchange Commission：SEC）に報告書を提出する義

務を定めている。サプライチェーンも含めた材料入手先を把握することは困難を要し、コスト負担も大きい。しかし、LCA、LCCの観点からは基本的情報として必要不可欠なものである。国際社会における悲惨な事件を防止するために、社会的側面からの重要性も認識されてきたといえる。ただし、短期的利益を重視する（あるいは〇〇ファーストやナショナリズムを唱える者など）政治家や金融関係者には、当該法律を不要な規制としている者も未だ存在しているため、まだ流動的な状態は強いが中長期的には国際的コンセンサスは高まるだろう。

　他方、原子力発電所の事故は、一度の事故で極めて多くの周辺住民の平穏無事な生活を奪い、また食品、その他生産物に広域にわたり汚染を生じさせ、人々に不安を生じさせている。原子力は、そもそも大量破壊兵器として利用された経緯があり、科学技術の影の部分が最初に使われたものである。第2次世界大戦後の冷戦時代に米国のアイゼンハワー大統領が1953年12月に国際連合総会で、"Atoms for Peace"を提唱して以来、原子力発電は平和利用を目的として世界的に普及している。しかし、ウランの約99.3％はウラン238で原子力発電では使われない（原子力発電燃料には約95％存在）が、核反応（核分裂反応）時中性子を照射されることによって放射性物質であるプルトニウム（239）を生じ、原子爆弾の原料となってしまう。原子力発電の使用済燃料に、人工的に作られた放射性物質として存在することとなる。原子力発電所がある国では、この使用済燃料のリスク管理、処理処分が問題となる。

　福島第一原子力発電所事故（2011年）の危機的事態回避処置において、内閣、行政組織が機能していなかったため、国内外の社会的不安が高まった。この対処について、2012年に「原子力規制委員会設置法」が制定し、大幅に行政組織を作り替えている。商業炉のリスク管理のために設置されている経済産業省の原子力安全・保安院（商業炉の管理）と研究開発管理のために内閣府に設置されていた原子力安全委員会をまとめ、原子力規制委員会が新たに作られた。委員会には、原子炉、放射線、核燃料、研究開発に関する審議会が作られている。また、委員会事務局として、環境省が所管する原子力規制庁が作られ、独立した組織が作られた（図1－3－3参照）。しかし、大気、水質、土壌、海洋に

関した環境法の改正・整備はされておらず，再度事故が発生した際にどのような対処をするのか不明である。各種環境法で放射性物質が環境中に拡散した際の具体的な各媒体の汚染測定・モニタリング規制を定めるべきである。また現在，「食品衛生法」に基づき行われている放射性物質に汚染された食品の出荷制限，摂取制限規制，労働者の放射線被曝規制を定めている「労働安全衛生法」などを一元化してリスク管理を法令で行うほうが合理的である。ただし，原子力規制委員会では，原子炉等の設計を審査するための新しい基準を作成してお

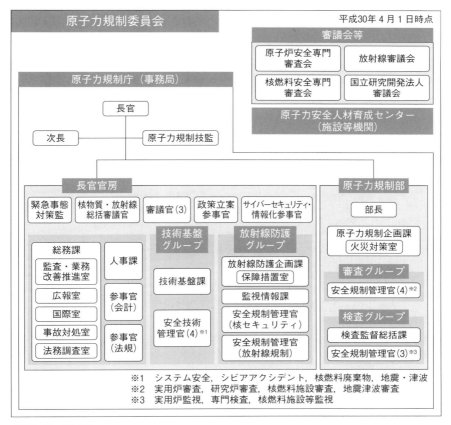

図1－3－3　原子力規制委員会の組織体制（2018年8月現在）
出典：原子力委員会HP
アドレス：http://www.nsr.go.jp/nra/gaiyou/nra_chart.html（2018年5月閲覧）

り，発電を稼働する際のリスク低減の検討は進められている。

また，核物質，核施設等のテロ行為を防ぐために「核物質の防護に関する条約」の改正条約批准[16]に向けて，「放射線を発散させて人の生命等に危険を生じさせる行為等の処罰に関する法律」も2007年制定，2016年に施行されており，緊急時に対処するためにも原子力リスク規制とリンクしていく必要があるだろう。当該法では，厳しい罰則[17]も定められており，今後行政による管理もさらに厳重になると予想される。関連業界においてもESG面の重要な項目となる。

注

1) ドネラ・H・メドウズ，デニス・L・メドウズ，ヨルゲン・ランダース，訳：松廣淳子『成長の限界　人類の選択』（ダイヤモンド社，2005年）178頁。
2) 1968年に開催された国連総会で議論され決定した国際的環境会議でスウェーデン・ストックホルムおいて1972年6月5日〜16日まで行われた会議。113カ国が参加したが，当時の冷戦の影響で東側の国（ソビエト連邦，東ドイツなど東欧諸国）は招待されず欠席。
3) 世界銀行グループは，①国際復興開発銀行（International Bank for Reconstruction and Development：IBRD，1944年設立），②国際金融公社（International Finance Corporation：IFC，1956年設立），③国際開発協会（International Development Association：IDA，1960年設立），④国際投資紛争解決センター（International Centre for Settlement of Investment Disputes：ICSID，1966年設立），⑤多数国間投資保証機関（Multilateral Investment Guarantee Agency：MIGA，1988年設立）の機関で構成され，世界銀行といった場合は，①と③が該当し，加盟国は188カ国で，総務会を構成。活動目的は，投資，雇用，持続可能な成長のための環境を整えること，貧しい人々に投資し，エンパワーメント（能力を高めること）を与えることによって彼らが開発に参加できるようにすること。
（参照：国連広報センターホームページ　アドレス　http://www.unic.or.jp/info/un/unsystem/specialized_agencies/worldbankgroup/［2018年5月閲覧］）
4) 「フロン」は日本における商品名で，正式な化学物質名は"Chlorofluorocarbon：CFC"。
5) 1872年に世界最初の国立公園で，米国のアイダホ州，モンタナ州，ワイオミング州にまたがる約8,980km^{2}の土地が指定されており，間欠泉など自然のままで保存されており，山火事などに対しても人の手によって消火されることもない。世界遺産として最初に12カ所登録されたうちの1つ（1978年に世界自然遺産登録）。
6) ガレット・ハーディン「共有地の悲劇」，サイエンス（Science）誌1968年12月13日号，162巻，1243頁〜1248頁。
7) 1948年に発表された「火の玉宇宙」というアイデアに基づいた理論で，宇宙のはじまりは高温高密度で，指数関数的に膨張するにつれて冷えていったというもの（バンは爆発音のこと）。この考え方（宇宙創生の理論）を最初に示したのは，ジョルジュ・ルメートル（Georges-Henri Lemaître）で一般相対性理論に基づいたもの。（参照：JAXA宇宙情報センターホームページ　アドレス　http://spaceinfo.jaxa.jp/ja/george_gamow.html［2018年5月閲覧］）
8) Jules Pretty "The Real Costs of Modern Farming －Pollution of water, erosion of soil and loss of natural habitat, caused by chemical agriculture, cost the Earth－". Resurgence No.205 March/April 2001, Page 6-9。
9) 勝田悟『環境概論　第2版』（中央経済社，2017年）5〜6頁。

I-1 自然の価値 65

10) 乳酸（lactic acid：$C_3H_6O_3$）がエステル結合（水酸基と酸が結合：-COO-）で重合（R-COO-R）したポリエステル類（polyesters）である。水の存在で加水分解し，微生物の消化によって二酸化炭素と水に分解。
11) カニやエビなどの甲殻類の外骨格から得られるキチン（chitin）を，濃アルカリ中での煮沸処理などで脱アセチル化（アセチル基［CH_3CO-］が除かれる反応）して生成される多糖類の一種。繊維，フィルムなどに加工可能。
12) グローバル・フットプリント・ネットワークホームページ "Global Footprint network National footprint accounts 2017"（アドレス http://www.lemonde.fr/planete/article/2017/08/01/a-compter-du-2-aout-l-humanite-vit-a-credit_5167232_3244.html［2018年4月閲覧］）参照。
13) 米国化学会（American Chemical Society）の情報部門である Chemical Abstracts Service（CAS）が提供している化学情報（参照 http://support.cas.org/cas-home［2018年5月閲覧］）。
14) 環境省ホームページ「【昭和58年版環境白書】参考資料33 ナイロビ宣言（19828 国際連合環境計画管理理事会特別会合）」参照。
   アドレス http://www.env.go.jp/policy/hakusyo/s58/index.html［2018年5月閲覧］
15) 過酷事故ともいい，炉心に重大な損傷が発生する事故。
16) 「核物質の防護に関する条約」の改正は2005年7月にオーストリア・ウィーンで採択され，わが国では2014年6月に国会承認，受託書の寄託，2016年5月に発効。
17) 本法第3条で次の罰則を規定。「第1項 放射性物質をみだりに取り扱うこと若しくは原子核分裂等装置をみだりに操作することにより，又はその他不当な方法で，核燃料物質の原子核分裂の連鎖反応を引き起こし，又は放射線を発散させて，人の生命，身体又は財産に危険を生じさせた者は，無期又は二年以上の懲役に処する。第2項 前項の罪の未遂は罰する。第3項 第一項の罪を犯す目的で，その予備をした者は，五年以下の懲役に処する。ただし，同項の罪の実行の着手前に自首した者は，その刑を減軽し，又は免除する。」

I−2　人工物の影響・対処

　企業の生産活動で大量の資源からさまざまな人工物が作られ，地球の表面は様相を変えている。気圏，水圏，地圏の成分分布，生態系も変化させ不可逆的な状況になることも多々ある。特に地表に存在する植物は，人工物建築のために安易に刈り取られることが多い。これらバイオマスは，光合成によって作られた生命の源である。都市は地表面がコンクリートで固められ，自然に存在する土壌がほとんど見えなくなっている。セメントも化石燃料と同様に太古に存在していた生物（貝殻）によって長い年月をかけて生成したものである。大量に使用される鉄は，30数億年前に始まった光合成で発生した酸素で酸化した酸化鉄を木の化石（石炭）あるいは木を不完全燃料させて作った木炭を，人工的に還元（人工的に酸素を分離：二酸化炭素を生成）させて作られている。自然界では，コンクリートも鉄も酸性雨で溶解され劣化する。鉄は空中に含まれる酸素でも酸化される。人工物を自然界で風化させないで維持することは化学的に困難である。

　また，化学物質自体（分子），自然科学における研究開発の進展で新たな生

人工物で作られた東京

成物が次々と作られている。世界で1日に千数百種類も誕生している。地上（あるいは地下，海中）に存在する人工的に作られた化学物質の種類・量は時間の経過と共に急激に増加している。新たに作られた人工化学物質は地球の至る所に拡散し，エントロピーが拡大し続けている。人工的に核反応を起こし，原子核が不安定になった放射性物質（原子）も知らぬ間に環境中に増加し続けている。核施設の事故や漏洩などは放射性物質の環境中での存在確率を漸次高め，核爆弾は急激に高める。

　環境中に存在する化学物質の存在割合を変化させる人工物の大量生産は，中長期的に拡大し自然の根本的なシステムを変化させてしまう可能性もある。しかし，その変化が人が感覚的になかなか感じ取れないくらいにゆっくりしていると，急激に変化する経済システムの中では対処が極めて困難になる。

　本節では，日々めまぐるしく開発が進む人工物による環境への影響に対し，そのさまざまな視点での対処を考える。

I−2−1　持続可能な開発

概要

国連人間環境会議（1972年），国連環境と開発に関する会議（1992年），国連持続可能な開発会議（2012年）の経緯，途上国と先進国の関係等を説明し，MDGsから環境効率を考慮したSDGsへと目標が変化している。企業がSDGsを達成するには，ESGに基づいた経営が重要である。CSR活動は非財務として見なされてきたが，中長期的には財務に大きな影響を与える活動である。公害を防止するために，環境法の規制を遵守することを中心に研究開発，生産活動における環境汚染・破壊の原因を減少させてきている。他方，国家間，あるいは国内の経済的格差による貧困，非人道的な労働や社会福祉の欠如などMDGsの取り組みは，持続可能な開発にために欠かせないもので，途上国と先進国との対立解消のために最も重要な課題といえる。SDGsにおける総合的な対策が重要となっている。

検討

これまで発生した公害問題，地球環境問題に関してその背景を調べ，現在の国内外の状況を把握する。社会問題，公害問題に対処する国際的な取り組みであるSDGsへの展開について経緯を理解し，今後のあり方について検討する。

キーワード

国連人間環境会議，国連環境と開発に関する会議，国連持続可能な開発会議，MDGs，SDGs，差異ある責任，環境権，ブルントラント報告，グローバルコンパクト

(1)コンセプトの創造と普及

人類はこれまでにさまざまな開発を行っており，生活様式は次々と変化してきている。開発の中には，武力的戦いのためのものもあり，現在では原子爆弾，水素爆弾，生物兵器など，地球上の生物を絶滅できるものまである。地球上では，生物が発生してから気候変化や宇宙からの彗星の衝突などで幾度も生物の大量絶滅を経験しているが，地上の生物である人間が自ら絶滅することもできる科学技術を手にしている。また，急激な生産活動の進展，ライフスタイルの変化は，地域および地球規模の環境を変化させ，大量絶滅を起こす危機的状態を作り出そうとしている。人の一生は，この変化のスピードを感覚的に理解するだけ長くはなく（あるいは，わかっても目をつぶっている），次世代が環境

の変化によって何らかのダメージに遭うことはほぼ間違いない。

　第1次世界大戦でドイツ，フランス，英国が毒ガスを使い始め，第2次世界大戦で米国，ドイツ，日本で原子爆弾の開発が行われ，米国が使用している。毒ガスには，ホスゲン（phosgene：$COCl_2$），マスタードガス（mustard gas：$ClCH_2CH_2)_2S$）が使用された後次々と新たな毒ガスが開発され，その後伝染性病原体を使う生物兵器が開発されている。多くの戦争で使われ，近年ではテロリズムにも利用される。また，原子爆弾がテロリストに入手されることが危惧されている。人類は，自らを破滅させる兵器の開発も進めており，刹那的な行為とも思われることも公然と政府が行っている。わが国政府は，公害問題では多くの被害者が発生しても国益を優先した経験もある。世界で最も大きいGDPがある米国（2018年5月現在）は，国益のための地球環境破壊を防止するための条約に極めて消極的である。オゾン層破壊対策を目的とした「オゾン層破壊物質に関するモントリオール議定書」への参加においても，原因物質のCFCsの代替品を開発し，利益が確保できた時点で批准している。目的は，利益であり，地球環境保全ではない。したがって，中長期的に人類の持続可能性は極めて困難であるといえる。

　「持続可能な開発（Sustainable Development）」についてのコンセプトを検討し，国際的に示したのは，IUCN（International Union for Conservation of Nature and Natural Resources：世界自然保護連合），UNEP（United Nations Environment Programme；以下，国連環境計画とする。），WWF（World Wildlife Fund：世界自然保護基金）共同で1980年に公表した「世界環境戦略（World Conservation Strategy）」である[1]。この提言を実践するために，開発を持続可能には，LCAを踏まえ人類の活動のさまざまな面で環境汚染・破壊の減少に取り組んでいかなければならない。しかし，すでに環境の変化は始まっており，特に慢性的に発生したものは，原状回復の方法が不明で元に戻す可能性も不明確な場合がある。たとえば，地球温暖化など地球規模の変化は，これまでの生活や生態系，または自然を利用している農林水産業と食品などとその関連業界，観光業などがこれまでどおりに続けていくことを不可能にしている。したがって，この変化に適応していくことが必要となっている。不可逆

的自然変化がすでに始まっており，持続可能な開発のための活動が拡大している。なお，自然がこの変化にいつまで耐えられるのか不明であり，適応は破綻への進行を肯定しているとも思われ極めて残念な事態である。一方，人権や倫理，労働問題など社会的な悪化については，迅速な対策・改善が必要である。持続可能性を維持するには，秩序を保つための適正なコンプライアンスが重要である。

コンセプトが世界的に公表された後，観光産業が国立公園や世界自然遺産に代表されるような自然景観（観光資源）の持続性の重要性を確認し，世界観光機構（World Tourism Organization；WTO）と国連環境計画が，「持続可能な開発」の概念に基づいた「観光と環境に関する共同宣言」に1983年に署名している。そして1985年に開催された「第6回世界観光機関総会」の報告では，観光と資源保全について言及している。世界自然保護連合（IUCN）では，エコツーリズムのあり方の研究（「自然保護の手段としての観光」）を行い，1991年の第4回世界国立公園・保護地域会議において，その成果と今後の戦略を発表し，翌年に国連環境計画と協力し「ガイドライン―観光を目的とした国立公園と保護地域の開発―」を公表している。

わが国の自然公園法で国立公園に指定されている「富士箱根伊豆国立公園」は，登山者のゴミ，廃棄物の不法投棄が問題となり，政府が「世界自然遺産」

図2-1-1　富士山と山中湖（富士山―信仰の対象と芸術の源泉（山梨県，静岡県））（環境汚染のため世界自然遺産には推薦されず世界文化遺産［2013年］として登録）

としての「世界の文化遺産および自然遺産の保護に関する条約」への登録を断念した経緯がある。国立公園は,「わが国の風景を代表するに足りる傑出した自然の風景地（海域の景観地を含む）」となっており,国としての管理が不十分であったといえる。持続可能性を保つ上でも環境改善および継続的環境管理が必要であろう。また,登録された世界遺産で,観光客増加によってゴミの不法投棄や自然破壊など被害が発生すると,条約の目的である遺産保護とは反することとなる。したがって,観光資源の持続性が却って失われることとなる。

他方,「持続的開発を達成し,永続するための長期戦略を提示すること」などを目的として国連環境計画によって「国連の開発と環境に関する世界委員会」が1983年に設置されている。この会議の成果として1987年に発表された報告書で,「持続可能な開発」という言葉が国際的に注目されるようになる。この報告書は,議長（グロ・ハーレム・ブルントラント：当時のノルウェーの首相）の名をとり一般的に「ブルントラント報告」といわれており,その中で次のように述べている[2]。

> ……環境は人間の行動,野心,欲求から独立して存在できないものであり,環境保護を他の人間的問題から切り離して擁護しようとしてきたことが,一部の政治的方面で「環境」という言葉が暗にナイーブさを意味する事態を招いています。「開発」もまた,一部で「貧しい国がいかにして豊かになるか」といった点に焦点が狭く絞られており,このためこれを単に「開発援助」に携わる専門家だけの問題であるとして顧みない人も多い状態です。
>
> しかし,「環境」とは私達の住むところであり,「開発」とはその中で私達の生活をよくするよう努力することです。環境と開発は不可分です。
> ……

この考え方は,ローマクラブが米国マサチューセッツ工科大学（Massachusetts Institute of Technology：MIT）に研究委託し,1972年に発表した『成長の限界』で問題意識としていた「われわれが住んでいる世界のシステムの限界」

に対して,「環境」と「開発」が不可分であるということを認識することが必要であることと,「開発途上国が先進国に対して相対的に向上することが必要である。」という提案が明瞭であったことを示している。

英国では,1988年にジョン・エルキントンとジュリア・ヘイルズの共著『グリーン・コンシューマー・ガイド("The Green Consumer Guide")』が出版され,消費者に環境保全意識が高まり,国際的な取り組みへ広がりを見せている。ジョン・エルキントンは,「トリプル・ボトムライン(環境,社会,経済)」を提唱し,持続可能な開発に,自然科学と社会科学の両面からの検討が必要であることを訴えている。

(2) SDGs
①幸福追求権,生存権

1972年にスウェーデン・ストックホルムで開催された環境保全に関して初めての国際会議である「国連人間環境会議(United Nations Conference on the Human Environment:以下,UNCHEとする)」では,世界各地で問題となっていた地域環境汚染や衛生,人口増加などが議論された。しかし,先進国と途上国の間も問題意識は異なっていた。先進国が問題とした工業化による環境汚染対策は,途上国では経済発展の妨げとなるとの考え方が強い。この対立は,その後の環境保全に関わる国際会議で毎回再現される。工業化するために先進国からの借りた莫大な借金(お金の価値の差も大きい)を抱える途上国にとっては,この債務が大きな負担となっており,国内の貧困問題が直近の課題である。なお,途上国で多くの工業生産を行い巨額の税金を政府に支払っている先進国企業が,途上国では政府に対して強い発言力を持っている背景もあり,複雑な国際関係が存在している。

この会議で採択された「人間環境宣言」には,「開発途上国では,環境問題の大部分が低開発から生じている。何百万の人々が十分な食物,衣服,住居,教育,健康,衛生を欠く状態で,人間としての生活を維持する最低水準をはるかに下回る生活を続けている。このため開発途上国は,開発の優先順位と環境の保全,改善の必要性において,その努力を開発に向けなければならない。同

じ目的のために先進工業国は，自らと開発途上国との間の格差を縮めるよう努めなければならない。先進工業国では，環境問題は一般に工業化及び技術開発に関連している。」と謳われており，途上国の貧困を問題にしている。また，先進国と途上国の格差が環境および社会的問題であることに国際的なコンセンサスが得られ，「格差を縮めなければならない」と方向性も示されている。ただし，この問題は，持続可能な開発を達成する上での極めて大きな課題となっていく。

　また，当時，特に人口増加による環境問題，社会問題が注目されており，途上国や後発途上国で深刻となっている。食糧供給や衛生面で十分にインフラストラクチャーが整備されていないことから伝染病などで多くの人（特に子供）が死亡している。この原因は，途上国では上下水道や医療施設などが不足しているためであり，人材の不足と十分な教育が受けられない基本的な問題がある。ローマクラブが『成長の限界』で提言しているように，（国内の知的財産を増加させるために）「途上国の社会システムの向上」が必要である。

　対して，先進国では，医療，社会保障システムの進歩で，平均寿命を上げ年齢構成の高齢化が問題となっている。子供の健康リスクが低減されたこと，年金など社会保障整備が進んだことで人の価値観も変わり，少子化が進んでいることもこの問題を複雑にしている。しかし，人口構成比予測を十分に行わないまま，社会保障制度を構築したことで，年金，医療保障は，持続的な維持が困難になってきている。中長期的な運営を考えなかった政策の欠如がシステムを破綻の危機にさらしている。単純に考えると，生活レベルが同水準または低下し，人口が減少すれば，資源消費は減少し環境汚染・破壊のリスク（環境に対する総負荷量）は減少する。ただし，社会システム自体が崩壊すると環境権の目的である（憲法第13条，第25条で定めている）「幸福になる権利」，「生存する権利」が失われ，人にとっては最も基本的な権利がなくなってしまう。

　ただし，経済安定化のために安易に子供を増やす政策を実施したり，外国人労働者を増加させ一時的な問題解決を図っても，持続可能性がなければ中長期的には却って問題を複雑化させるだけである。また，人口，産業構造，文化が異なる外国の先進事例をそのまま導入することも失敗を招く。わが国の状況お

および国際状況を十分に分析した上で検討を進めなければならない。短期的な視点で対処しても次世代からは全く評価されないだろう。

② MDGs から SDGs へ

1992年にブラジル・リオデジャネイロで開催された「国連環境と開発に関する会議（United Nations Conference on Environment and Development：以下，UNCED とする）」は，各国首脳が集まったことから環境サミットといわれている。日本の首相はビデオで参加した。この会議では「持続可能な開発」をテーマに議論が行われ，「環境と開発に関するリオ宣言」（Rio Declaration on Environment and Development）と21世紀に向けての人類の行動計画が定められた「アジェンダ21」（Agenda 21）が採択されている。また，会議開催の前月に採択された「気候変動に関する国際連合枠組み条約」および「生物の多様性に関する条約」への署名も行われている。この会議から環境NGO（Non-Governmental Organization）が会議で正式に発言権を持ち，提案が行われるようになったことで，持続可能な開発に関した環境面，社会面で国際的存在感が高まった。

1972年の国連人間環境会議以降，先進国と途上国の経済格差はさらに大きくなり，特に後発途上国の貧困悪化が著しくなった。このような背景から先進国と途上国との対立はさらに深まり，その解決策として「環境と開発に関するリオ宣言」第7原則に「各国は共通だが差異ある責任を有する」と謳い，先進国に対して特別に加えられた責任を定めている。しかし，その後GDPが大きい国も含めた途上国から無償の援助が求められ，経済力が相対的に低下してきた先進国には重い負担となるため対立がさらに悪化している。途上国をひとまとめにするのではなく，後発途上国やその内情を考慮した議論が必要であろう。2002年に南アフリカ共和国ヨハネスブルクで開催された会議（リオプラス10）では，先進国からの資金援助が滞っていることが大きな問題となっている。

2012年に再度ブラジル・リオデジャネイロで開催環境サミット「国連持続可能な開発会議（United Nations Conference on Sustainable Development：UNCSD：以下，UNCSDとする）」が開催された。ブラジルは，1992年の

図2－1－2　環境サミットが行われたブラジル・多民族国家のカーニバル

UNCEDが開催されたときは急激なインフレのため経済が非常に悪化した状態であったが，UNCSDの開催直前には世界で有数の工業新興国に成長し，特に国際的な資源価格の高騰が好調な景気をもたらしていた。貧困問題も解消に向かっており，「持続可能な開発」を議題として開催される国としてふさわしい状況だったといえる。しかし，その後は国際的に資源価格が低迷し，景気が悪化，政治家の汚職問題が多発し政治的にも混乱している。ただし，ブラジルは多民族国家であり，深海油田をはじめ天然資源が多く，アマゾン川流域など多様な生態系が存在する自然が広大に存在する開発のあり方が注目される国である。

UNCSDでは，国連加盟国188カ国および3オブザーバー（EU，パレスチナ，バチカン）から97名の首脳，ならびに多数の閣僚級参加者（政府代表としての閣僚は78名）の他，各国政府関係者，国会議員，地方自治体，国際機関，企業，一般公衆の約3万人が参加した大きな会議となった。UNCHE以来，世界の経済格差は広がっており，途上国間にも急激な格差が生じている。本会議では2018年現在世界で第2位のGDPを誇る中国が大きな途上国と自ら述べ途上国をまとめ，先進国と対立している。GDPの代わりに人の豊かさを誇る指標としてOECDなどが開発を進める「幸福度」の導入なども提案されたが，途上

国の工業発展の足かせになると行った疑念から採択文書から外されている。ブルントラント報告（1987年）で示された「環境と開発が不可分である」といった考え方より，むしろ乖離してしまった。

他方，UNCEDから事務局を支援してきたWBCSD（The World Business Council for Sustainable Development：世界環境経済人協議会）が提案している「環境効率性」向上を進める上で重要な視点である経済，社会，環境の3つの側面で検討および調整が必要であることについて国際的なコンセンサスが得られている。この検討から「持続可能な開発及び貧困根絶の文脈におけるグリーン経済（グリーン経済）」の推進が必要であることが確認され，具体的な国際的な目標を設定することが決められた。

そして，2015年に国連でSDGs（Sustainable Development Goals：持続可能な開発のための目標［2016～2030年］）が採択されている。SDGsの項目には，2001年～2015年に目標としていたMDGs（Millennium Development Goals：ミレニアム開発目標）で取り上げられていた人権や貧困問題も含まれており，社会面に関しても重要な項目が複数含まれている。この背景には，1999年のダボス会議で当時の国連事務総長コフィー・アナンが提唱した国連グローバル・コンパクト（United Nations Global Compact：UNGC）[3]も影響しており，人権保護，不当な労働の排除，環境保全および2004年に追加された腐敗防止が求められている。2015年7月時点で世界約160カ国，1万3,000を超える団体が署名しており，そのうち企業が約8,300を占めている[4]。国際的にもESGの重要な視点となっている。SDGsに示された17の項目は**表2－1－1**に示すとおりである。さらに169の達成目標も示され，国際的に取り組み「誰も取り残されない（no one will be left behind）」とのスローガンのもと国際的な取り組みが進められている。

表2－1－1　SDGs（Sustainable Development Goals）における17の目標

目標1	あらゆる場所で，あらゆる形態の貧困に終止符を打つ
目標2	飢餓に終止符を打ち，食糧の安定確保と栄養状態の改善を達成するとともに，持続可能な農業を推進する
目標3	あらゆる年齢のすべての人々の健康的な生活を確保し，福祉を推進する
目標4	すべての人々に包摂的かつ公平で質の高い教育を提供し，生涯学習の機会を促進する
目標5	ジェンダーの平等を達成し，すべての女性と女児のエンパワーメントを図る
目標6	すべての人々に水と衛生へのアクセスと持続可能な管理を確保する
目標7	すべての人々に手ごろで信頼でき，持続可能かつ近代的なエネルギーへのアクセスを確保する
目標8	すべての人々のための持続的，包摂的かつ持続可能な経済成長，生産的な完全雇用およびディーセント・ワークを推進する
目標9	レジリエントなインフラを整備し，包摂的で持続可能な産業化を推進するとともに，イノベーションの拡大を図る
目標10	国内および国家間の不平等を是正する
目標11	都市と人間の居住地を包摂的，安全，レジリエントかつ持続可能にする
目標12	持続可能な消費と生産のパターンを確保する
目標13	気候変動とその影響に立ち向かうため，緊急対策をとる
目標14	海洋と海洋資源を持続可能な開発に向けて保全し，持続可能な形で利用する
目標15	陸上生態系の保護，回復および持続可能な利用の推進，森林の持続可能な管理，砂漠化への対処，土地劣化の阻止および逆転，ならびに生物多様性損失の阻止を図る
目標16	持続可能な開発に向けて平和で包摂的な社会を推進し，すべての人々に司法へのアクセスを提供するとともに，あらゆるレベルにおいて効果的で責任ある包摂的な制度を構築する
目標17	持続可能な開発に向けて実施手段を強化し，グローバル・パートナーシップを活性化する

出典：グローバル・コンパクト・ネットワーク・ジャパンホームページ「持続可能な開発目標（SDGs）」
アドレス：http://ungcjn.org/sdgs/goals/goal01.html【閲覧2018年5月】

　SDGsの目標に関して，個別企業ごとに取り組むべき項目は異なっている。各項目は，政府が行うことと，企業が実施すべきこと，および一般公衆のライフスタイルの変化など理解すべきことが混在しているが，解釈次第ではさまざまな取り組みが考えられる。企業はコンプライアンスなど内部の取り組みとして行うことと，生産など業務管理，商品の提供で行っていけることの各視点で検討を進める必要がある。また，達成のためのロードマップもそれぞれケースバイケースである。社会状況，企業形態，現状を踏まえてプライオリティをつけて計画を進める必要がある。これまで進めてきたCSR活動の再点検を行い，ESG経営を進めていくことで合理的な対処が可能になる。

Ⅰ−2−2　地域環境と地球環境

概要

　環境破壊，環境汚染は時間，空間に拡大していきさまざまな変化を及ぼし，この変化が生態系および人へ被害を発生させる。環境問題は，一定地域に発生するものに対しては，被害の原因，その因果関係を調べ失敗分析をすることによって再発防止策が行われる。過去の公害は悲惨な経験に基づき二度と同じ失敗を繰り返さないようにするために，環境法が作られ環境リスクを最小限にするために濃度基準値，総量基準値が設けられ環境管理が行われている。具体的には，廃棄物（一般廃棄物，産業廃棄物），大気汚染，水質汚濁，土壌汚染および室内環境汚染などに関して対策が施されている。

　地球環境破壊は，変化の原因がわかっても，各国，各企業の思惑または価値観，あるいは利害関係があると国際的なコンセンサスを得て対策を実施することは非常に困難となる。対策の目的が，環境保全のためか自国の利益を得るためか不明確となる場合さえある。いわゆる人類の将来のことを考え，長期的視点で考えることができるか否かの違いである。オゾン層破壊対策のときのように，当時世界で最も強いイニシアティブを持った米国がCFCsの代替品をいち早く開発したすれば，短期間での利益の見込みがつき，急速に国際的対策が進められることになる。地球温暖化による環境変動に関しては，経済的誘導策を取り入れたが，利害関係の調整が付かず国際的なコンセンサスを得た対策は鈍化状態のままである。むしろ，急激に変化する環境に適応する検討が始まっている。破滅を肯定することにならないことを期待したい。

　地域環境，地球環境の双方に影響する生物多様性の喪失，変化も地球上の至る所で始まっており，生物である人間そのものの問題になりつつある。自然は有限で，再生できないものも多い。今後の取り組みが重要である。

検討

　身近な環境問題である廃棄物問題や生活に直接関係する大気，水質や土壌の汚染について現状を理解し，再発防止策の進展について把握する。また，地球規模で問題になっている環境変化について理解し，国際的な協調が重要であることを考え，現状での対策のあり方を考える。

キーワード

　豊かさ，不法投棄，割れ窓理論，フリーライダー，PM，マスキー法，酸性雨，排出権（量）取引，ラブカナル事件，スーパーファンド法，SDS，シックハウスシンドローム，紫外線，CFCs，HFC，オゾン層破壊物質に関するモントリオール議定書，気候変動，ヒートアイランド，パリ協定，遺伝子，核エネルギー，プルトニウム，再生可能エネルギー，風力発電，太陽光発電，地熱発電，水力発電，オイルショック，安全保障

(1) 地域環境
① 豊かさの指標 GDP

　身近な環境問題としてゴミ問題があげられる。経済成長によって「もの」，「サービス」が大量に得られるようになったことから，ものの寿命が短くなり，大量のエネルギー消費（燃料の燃焼や核反応など），あるいは無駄な消費で大量の廃棄物が排出されるようになった。「もの」，「サービス」を提供しているさまざまな産業の生産においても，排出物，廃棄物が大量に発生している。これら活動は GDP を拡大させることから，人の豊かさを向上させるものと信じられている。

　UNCHE 以来，消費を相乗的に拡大させる人口増加が重要な環境問題，社会問題として考えられており，GDP 増加が問題を引き起こしているという矛盾も存在している。単純に考えれば人口が減少すれば，資源消費が少なくなり，環境悪化が鈍化するとも思われる。しかし，少子化，高齢化による GDP の減少は，年金の支払いをはじめ社会保障制度の運営を不安定にさせ，社会問題となる。また，1人当たりの資源消費が増加すれば，人口減少分の環境悪化の相殺または悪化する。ただし，資源は有限であり長期的には価格は高騰し，わが国の場合，知的財産の急激な増加がなければ，経済力は維持できないため悲劇的な結末が予想される。国債で借金をして「はこもの」をはじめ，必要以上のインフラストラクチャーへの公共投資で景気を刺激するワンパターンの経済成長策はいずれ限界を迎える。ただし，景気が上がれば，お金の価値は落ち，支給される年金も実質的には価値は落ち，国債による政府の借金も事実上低下することになる。貧富の格差は極めて大きくなるだろう。その後同じ価値観を持ち続け，富める人による資源消費を拡大させると古代の文明が滅びたように破綻へ向かうことになる。

② 廃棄物処理処分対策

　日本では，廃棄物は「廃棄物の処理及び清掃に関する法律」（1971年施行）（以下，廃掃法とする）によって産業廃棄物，一般廃棄物（産業廃棄物以外のもの）に分類され，処理処分が規制されている。当該法が施行される前は「清掃法」

（1954年制定）が運用されていたが廃棄物の処理に関する規制が必要となり，全面改正されたものである。その後，廃棄物最終処分場（埋め立て地）残余量の逼迫が問題となり，廃棄物のリサイクルが進められ，新たな法制度の整備，技術開発が進められた。リユース，マテリアルリサイクル，サーマルリサイクルが進められ，資源消費，廃棄物発生の減量化が進められた。直接，商品に使用する資源の減量化を図る対策・開発も進められ，ものの長寿命化などによる廃棄物発生の減少，リース・レンタルをはじめもののシェアリング，デポジットシステムなど資源生産性（投入資源量に対するサービス量）の拡大が図られている。

　法令，条例による規制が厳しくなると，廃棄物処理処分コスト（社会的コスト，環境コスト）が上昇し不法投棄が増加し，この防止のための法規制が強化されるといったいたちごっこが始まる。廃棄物が排出源排出されてから処分されるまでを追跡するマニフェスト制も導入され，企業および廃棄物運搬・処理処分業者の取り締まりが年を追って厳格となっていった。廃掃法違反で警察に逮捕された企業担当者は，「会社のために節約した」といった考え方をする者が多く，企業の社会的責任を全く理解していない。産業廃棄物は，排出者である企業が責任を持って処理することが定められており，処理処分も民間業者が行うこととなっている。なお，民間処理業者の認可は都道府県が行っており，不法投棄やマニフェスト違反調査などは都道府県が実施している。

　一方，家庭から排出されるゴミは一般廃棄物処理とされ，廃掃法では各市町村または清掃組合（比較的小さな市町村は共同で焼却場など中間処理場を運営している）は廃棄物の回収，処理処分を行っている。事業に伴い排出される廃棄物は，産業廃棄物として自社で処理しなければならないが，一般廃棄物回収場所に廃棄されることもあり，支払うべき環境コストを回避しているフリーライダーが存在する。特別管理廃棄物（有害性，危険性が高いことから特別な管理が必要とされるもの）である医療廃棄物（注射針など）が，駅のゴミ箱に捨てられたこともある。もの，サービス（エネルギー消費に伴い発生する二酸化炭素など）ゴミ処理コストは，商品の値段に含み販売するのが妥当である。ゴミは単純に捨てれば良いといった考え方は，地上，海上は永遠に続いており，

天動説を信じていた自己中心的な大昔のことである。大量に海を漂い多くの国の沿岸に被害（環境コスト）を生じている海洋漂流ゴミは，この間違った単純な考え方に基づいている。有限の地球の廃棄物を処理処分するにはコストが生じているため，一般廃棄物も排出者に排出量に応じて全国一律の方法で料金を徴収するべきである（ゴミの有料化）[5]。したがって，行政が税金を利用し処理するのではなく，企業が廃棄物処理コストを生産コストと同様に販売コストに上乗せし，廃棄物の処理（リサイクルを含む）業界を発展させるために法令を整備し社会システムとして構築していくべきであろう。

　また，生活に身近な環境問題として「たばこの吸い殻のポイ捨て」が全国各地で発生している。一般廃棄物であるため，市町村でガイドラインや条例による規制対処していることが多い。そもそも公共施設，大学などでたばこを吸う特定の人へのサービスで喫煙場所，喫煙ルームを設けているのは，たばこを吸わない人にとってみれば，不公平なコストが支払われていることになる。たばこの吸い殻は，当たり前のように道路，側溝などあちこちに捨てられており，道路がゴミ箱のようになっているところもある。火のついたたばこは，火事など大きな災害の原因にもなるおそれがある。法令で全国一律に規制するべきであり，吸い殻不法投棄者には明確に罰則を設け環境コストを支払わせるべきであろう。マナーに頼っているのは限界があり，市町村で統一のない規制でそれぞれに対処するべき事柄ではない。「割れ窓理論（Broken Windows Theory）」[6]で実証されているように，たばこの吸い殻が捨ててあるところには，たばこの紙容器，空き缶など使い捨てられたゴミが散乱していることが多い。これらを掃除するために，行政コストを用いて行うと，マナーのない人のために不公平に税金が使われることになる。

　持続的に生活を送っていくには，現在の科学技術では廃棄物を完全にリサイクルすることはできないため，ゴミの減量化（焼却処理：中間処理），埋め立て処分（最終処分）は不可欠である。しかし，これら関連施設から有害廃棄物，悪臭が発生することを懸念する人は多い。有害物質などについて十分理解している人は少なく，精神的に不安に思う人が多いのは当然である。このため新たに廃棄物処理・処分施設の新たな場所での建設には，周辺住民等の猛烈な建設

反対運動[7]が起こることがあり，全国のほとんどの地方自治体では既存施設の稼働延長，あるいは改築を行っている。中間処理には，廃棄物減量化技術として1998年より新築された焼却炉には溶融固化技術[8]が多く取り入れられ，これまで廃棄物の多くを無害化し路盤材等に利用できるようになった。最終処分場に捨てられる廃棄物が大幅に減量化され，残余年数の長期化が実現している。焼却処分で発生する熱も発電され，処理費削減も行われており，今後新たな技術がよりリスクを低減し，さらに廃棄物減量化が行われていくことが期待される。この技術開発は，明らかに企業のESG活動であり，経営戦略としても重要な視点である。

図2－2－1　新設の中間処理場（焼却施設）で溶融固化技術が導入され処理残渣が非常に減少し受け入れ残余期間が大幅に増加した一般廃棄物最終処分場

③水質汚濁防止

日本も含め世界的に水不足が問題となっている。水が豊富があり，自然の循環が正常に行われているように思われる日本でも2014年に「水循環基本法」が制定され，「水が人類共通の財産であることを再認識し，水が健全に循環し，そのもたらす恵沢を将来にわたり享受できるよう，健全な水循環を維持し，又は回復するための施策を包括的に推進していくことが不可欠である」ことを念

頭に置いて対策が進められている。

　地球には、約14億km³の水があると試算されているが、その約97.5％が海水などで、淡水は約2.5％しかない。その淡水の大部分が南・北極地域などの氷や氷河であり、地下水、河川、湖沼に絞ると0.8％となる。そして、人類が使うことができる河川、湖沼の淡水は地球全体の約0.01％とわずかで、約0.001億km³である。年間の降水総量は、約57.7万km³で、陸上には11.9km³と極めて少ない。この水を細かく見ると、蒸発散は約7.4万km³、表流水は約4.3万km³、地下水は0.2km³である[9]。

　このようにわずかしかない淡水でも、病原体などが含まれる不衛生な飲料水や河川、海洋への有害物質排出による生態系、健康への被害などが世界各地で問題となっている。わが国の「水質汚濁防止法」では、生活に身近な「生活排水対策の実施を推進すること」、および健康に被害を及ぼすおそれがある「工場及び事業場から公共用水域に排出される水の排出および地下に浸透する水の浸透を規制すること」との2つの面から公共用水域および地下水の水質汚濁の防止を規制している。排水基準については、この2つの面について濃度または総量で規制しており、前者は「生活環境に係る被害を生ずるおそれがある程度

図2-2-2　水域での赤潮の発生

のもの」，後者は「人の健康に係る被害を生ずるおそれがある物質」として定められている。生活環境項目に係わる排水基準は，1日の平均的な排出水の量が50m³以上の工場または事業所を対象としているが，健康項目に係わる排水基準については，事業場の規模を問わずすべての排出者に適用されている[10]。このほか，海洋に関しては，「海洋汚染及び海上災害の防止に関する法律」，土壌汚染再発防止対策に関しては，「土壌汚染対策法」がある。

　日本の1960年代高度成長期に家庭排水（洗剤に含まれる物質や投棄された食品廃棄物など），パルプ工場[11]などからの排出物が，河川，海洋を富栄養化させ赤潮発生による被害が生じている。具体的には赤潮の発生による病原菌の繁殖，青潮の発生による水域の酸欠状態で，養殖をはじめ魚類が大量に死滅するなど事件が起こっている。現在は公害防止技術が向上し，かなり改善されている。水域が酸欠となると水質が好気性から嫌気性に変化し，イオウ化合物などによる悪臭が発生する。このような悪臭公害を防止するために水中に空気を送り込み好気性に保つ方法（曝気(ばっき)）が行われている。公園の噴水や金魚鉢の空気ポンプは水が嫌気性になるのを防いでいる。

　他方，地球温暖化の最も主要な原因物質である二酸化炭素は，大気中濃度が高まることで海洋への溶解（炭酸の生成）も増加し，海を酸性化させている。海はアルカリ性（約pH8.1）であるため，海生生物は生息することが困難となる。地層年代のペルム紀（約2億9,000万年前から約2億5年前まで）末には，シベリアの大規模な火山の爆発により海中に生息していた生物の約96％が絶滅したことが判明しており，一種の海洋汚染である。なお，漂流ゴミ，油濁事故に関しては「Ⅱ-3　観光」で取り上げる。

④大気汚染防止

　火山の噴火によるエアロゾルの噴出で地下からさまざまな物質が吹き出し大気を汚染し，PM（Particulate Matter：粒子状物質：直径10μm以下）は人体へも影響を及ぼす。大量のエアロゾルの噴出は地球への太陽光を遮り日傘効果も生じさせ，地球表面の冷却化も引き起こす。石炭，重油などの燃焼で発生する人工的なPM2.5は，水銀，イオウなど有害物質が含有され，越境移動もす

るため他国の環境も汚染する。江戸時代から行われている黄銅鉱（$CuFeS_2$），黄鉄鉱（FeS_2）から銅やイオウ（硫酸）を精製分離する工程でも酸性雨の原因物質であるイオウ酸化物（SOx：気体）を排出する。足尾鉱山，小坂鉱山，日立鉱山（赤沢鉱山），別子鉱山など多くの鉱山で公害が同様に発生している。前にあげた鉱山の足尾鉱山以外は経営者が環境改善策を検討し実行している。

　世界各地で鉱山の公害（水質汚濁，土壌汚染・地下水汚染も伴うものもある）が発生しており，特に鉱石からイオウの採取（分離）し始めるとばい煙による被害に注意する必要がある。排煙は上空に吹く気流の状況によって吹き溜まりなどが発生する可能性もあり，煙突を高くしてもこれまで幾度となく被害を発生させてきた。日本では大気汚染防止法の規制の一部になっているK値規制（煙突を高くし排煙を拡散する対策）が導入されているが，有害物質総量を減少させているわけではなく長期的影響については懸念させる。排出源対策，あるいは代替技術の導入などが必要である。

　その後高炉による製鉄，化学工場などからの排煙が大気汚染被害を発生させる事件が複数発生している。北九州にある八幡製鉄所（現 新日鐵住金 ［2018年5月現在］）では，福岡県が日本初のスモッグ警報を発する事態に至ったが，行政，協力企業と連携し大気汚染対策に積極的に取り組み公害防止を実現して

図2-2-3　一次は深刻な大気汚染を発生させたが，CSRおよび行政の積極的な取り組みで改善した工場（煙は水蒸気：水質汚濁も同様に改善した）

いる。三重県四日市にある化学コンビナートでは，水質および大気に公害を発生させ，大気汚染物質を原因とするアレルゲンがぜん息被害を引き起こしている。損害賠償を求めた裁判では，大気中の気流によって特定の地域でアレルギー被害が発生していたことから，原告の証拠として疫学調査（統計学を用いた調査）に基づいた結果が用いられている。3次元に拡散する大気汚染は汚染物質の環境中での挙動が把握しにくいため，発生源対策が合理的である。

　大気汚染は，地域全体に影響するものであるため，環境モニタリングに基づいて発生源の数を考慮した上で（自然浄化の許容量も考慮して），限界排出総量を定め，個別排出源の限界濃度（排出基準）を定めなければならない。閉鎖系水域の水質汚濁防止のための総量規制に類似している。対して，企業の商品に関する公害対策または環境汚染対策は，原単位での対策（1つの製品に対する環境汚染量の削減）を図っている。したがって，企業活動は売上あるいは利益の増加を前提としているため販売量が増加すると自然浄化で許容できる汚染物質の排出総量を上回る可能性がある。たとえば，移動排出源である自動車は世界で急激に増加しており，環境保全を図るには厳しい排気規制が必要となった。米国では1970年に民主党連邦上院議員のマスキー（Muskie, Edmund Sixtus）[12]によって極めて厳しい排出規制[13]を定めた「マスキー法（Muskie Act）」（Clean Air Act：以下，CAAとする；1970年制定）が提案され，国際的にも影響を与えた。自動車台数が急激に増加していることから厳しい基準を設けざるを得なかったと考えられる。なお，日本の自動車メーカー（ホンダ，トヨタ）は当該規制をいち早くクリアしたことから，米国で自動車販売シェアを拡大させるビジネスチャンスを得ている。

　汚染発生源の数が大きく変化し，移動することにより地域の総量規制が設定しにくい自動車排ガス規制は，人が汚染物質に曝露される量が予想困難なため環境リスクを明確に定めることが困難である。日本では，自動車の大気汚染防止技術が向上したことにより環境基準値（司法の判断では行政の努力値とされる）を下げたのち，自動車台数が急激に増加し環境汚染が悪化した。このため，規制対象を広げ排出基準値を厳しくするために既存法を改正し新たに「自動車から排出される窒素酸化物及び粒子状物質の特定地域における総量の削減等に

関する特別措置法：NOx・PM法」（1992年制定）を設けなければならなくなった環境政策の失敗がある。企業は法規制が緩くなり，一見環境コストが減少したように思われても，国際競争力は低下し最終的には大きなコストを生じる結果となってしまうおそれがある。

　2015年に米国で発覚したフォルクスワーゲン製のディーゼル自動車の窒素酸化物（NOx）排出値偽装事件は，欧州での偽装へと拡大し，さらに他のメーカーの偽装も次々と露見された。自動車のような大気汚染物質に関した移動発生源の大気汚染対策の難しさが明確となった。この事件をきっかけに，欧州で大きな販売シェアを持っていたディーゼル車の販売が急激に落ち込み，このCSRを軽視した行為（法律遵守違反）は，市場そのものにも大きな悪影響を及ぼしている。

　広域を汚染する酸性雨対策（酸性物質の大気放出［汚染］抑制）は，大気への排出物質排出について総量規制を行い汚染地域全体の酸性物質の降下（雨，雪，霧）を減少させている。1970年代米国の五大湖周辺の工業地帯からカナダへ酸性物の排気が移動し，酸性雨の被害が深刻になったため，米国で1980年に「酸性雨降下物法」が制定されている。その後，経済的な誘導を図った排出権（量）取引の考え方を導入したCAA（大気浄化法）173条が1990年に制定され，イオウ酸化物（SOx）と窒素酸化物（NOx）の個別地域の総許容排出量が決められ，各事業所からの排出量の合計で削減目標が定められた。この規制方法は共同達成（bubble：バブル）ともいう。経済的なメリットを新たに作り出すことによって排出権（量）の市場が形成され，排出権（量）取引が始まっている。この大気汚染物質排出抑制手法は，国際的に広がりを見せていく。なお，米国とカナダは，1991年に「酸性雨被害防止のための大気保全二国間協定」を結んでいる。経済的な手法は，排出権（量）取引以外にも環境税，炭素税，課徴金などがあり，日本では1969年より一定規模以上のボイラーなど大気汚染原因施設には賦課金[14]がかけられている。経済的な誘導規制は戦略的に取り組むことによってESG経営にとって追い風になる。しかし，多くの排出源から排出され，長期間を得て影響が明確になるような汚染には短期的な利益を得る悪質なフリーライダーが発生する。ただし，有害物質検出技術は飛躍的に向上しており，

前述のフォルクスワーゲンの排気偽装事件のように，不正が見破られ却って大きな（莫大な）不利益が生じる可能性が非常に高まっている。

⑤土壌汚染対策

わが国の土壌汚染対策は先進国では極めて遅く，法令によるリスク低減は2003年に「土壌汚染対策法」が施行されてから始まっている。他の環境法と異なり汚染を防止するための法ではなく，汚染してしまった土地の対策が目的である。以前は土地は銀行の融資の担保となることがごく一般的であったが，土壌汚染された土地は価値がなく改善（浄化）コストが評価額を大幅に上回ることもあり，土壌汚染調査は担保として価値を評価する際に不可欠な項目となっている。新たな施設の建設などの際には慎重な対応が必要になっているといえる。不動産鑑定基準も変更となり，農水産業，食品に関わる場所に汚染物質が発生すると風評被害が起きることも懸念される。

食品，生活に関わる土壌汚染事件として，国内外の水産物が集まる大規模な東京中央卸売市場が2016年に築地から豊洲に移転する際に新しい市場の土地か

図2－2－4　福島第一原子力発電所事故で放出された放射性物質で汚染された土地（放射性物質汚染対処特措法［2012年施行］に基づく放射性物質除染対象土壌）

ら有害物質が検出されたことが発覚し問題となった。この市場に関連する事業者の多くは，移転する直前で延期になったため大きな損失を被り，東京都の行政コスト（環境コスト）も莫大に追加しなければならなくなった。移転先は以前にガス会社が立地していた場所であるため，ある程度の化学的知見のある者または公害の知識がある者であれば，土壌汚染について懸念することは予想できる。東京では，1975年に土壌汚染が問題となった「六価クロム事件」が発生し，全国的に注目されたこともあり，負の経験が再発防止に活かされていない[15]。

　ただし，わが国では「2003年まで土壌汚染の対策に関する法令が制定することができなかったこと，及び環境影響評価法（1997年制定）が事業者主導の事業アセスメントのみが定められており，計画アセスメントのように複数の計画提案（事業の中止も選択肢に含まれる）の中から審査する方法ではなく，一端事業が始まると中止することができないこと」が，中長期的視点が必要な環境保全，慢性的毒性（生活へ知らぬ間に健康被害が発生する）のリスクへの重要な配慮が欠けた原因と考えられる。事業について事前の環境影響及び対策を行わなかったことで，巨額の事後環境コスト（原状回復）を生じさせてしまった重要な事例といえる。法令で規制されていなくても新規事業の環境影響に関する事前評価および対策は不可欠である。短期的な利益のために，中長期的な損失を考えないのは，ESG経営の最も大きな失敗となる。

　2011年に発生した福島第一原子力発電所事故で放出された放射性物質による土壌汚染は極めて莫大な被害を及ぼしている。外部事象，事故発生時の対処などリスク分析が不十分なまま，政府が安全性を国民に納得させながら無理に原子力発電の普及を進めたことに問題があったと考えられる。エネルギーがほとんどないわが国政府が，短期的な経済成長に注目しすぎていたと思われる。リスクが不明な部分があることを前提に，長期的な計画のもとで慎重に原子力発電を導入すべきであったといえる。事故が発生した際に，日本には54基の運転可能な原子炉（2011までで最高55基存在したことがある）があり，建設中のものには159万kWと非常に大きな出力の炉もあった。巨大な原子炉メーカーも3社もあり，他国と比べ原子力発電普及に非常に積極的であったことがうかがえる。しかし，原子力行政は環境行政と切り離され，縦割りになった非合理的

な行政システムが大きな問題である。ESGの考え方は，行政運営においても重要な視点である。

米国では，1977年にラブカナル事件[16]がきっかけとなり，土壌汚染地の改善と予防についての一般公衆からの強い要望があり，当時の大統領ジミー・カーター（James Earl Carter）が主導しスーパーファンド法が1980年に連邦法として制定された。汚染した土壌を改善するために政府によって基金（ファンド）が設立され，汚染の可能性のある施設に対し，各種情報の報告などを要求している。基金は，政府と企業からの資金で運営されている。1980年に包括的環境対策，補償，責任法（Comprehensive Environment Response, Compensation and Liability Act of 1980：CERCLA）が5年の時限立法として制定され，有害物質として当初約700物質を規定し，16億ドルの基金が設けられた。基金は，米国内に数多く存在している土壌汚染地を浄化するために利用された。ただし，汚染者が判明した場合は，米国環境保護庁（U.S. Environmental Protection Agency：U.S. EPA）が直接汚染者に対して損害賠償請求を行い，当該浄化費用の支払いが請求される。

その後，1984年にインド・ボパールで発生した農薬工場の化学災害（メチルイソシアネートの環境中への漏洩事故）をきっかけに，米国内で化学災害に対する未然防止対策に世論が新たに高まった。この状況に対処するために1986年にスーパーファンド法に第3章等が追加され，スーパーファンド改正再授権法（Superfund Amendments and Reauthorization Act of 1986：SARA）が制定された。この時，基金は85億ドルに増額されている。SARAは，1985年に米国環境保護庁により作成された「化学的緊急時の準備プログラム（Chemical Emergency Preparedness Program：CEPP）」に基づいており，事故時計画策定のため特別危険物質（Extremely Hazardous Substances）として当初約400物質が規定されている。規定物質が限界計画量（Threshold Planning Quantity）以上施設内に存在する場合などに報告が義務づけられ，一般公衆の「知る権利（Right to Know）」も取り入れられている。

1980年にスーパーファンド法が制定されて以降国際的に土壌汚染，一般公衆の環境リスクに関する知る権利が注目され，多くの国で法令などが整備され，

産業界も土壌汚染防止に対する姿勢が強化されたが，わが国または国内では政府，産業は2003年に「土壌汚染対策法」が施行されるまで消極的な対応であった。その後は，土地を担保にした銀行融資の担保価値が大幅に下落するケースも出始めたことから，企業の資産価値，融資を受ける際の資金確保の面から，工場など事業所の土壌汚染防止，モニタリングの重要性が増している。

⑥室内環境汚染対策

最も身近な環境汚染として室内環境汚染があげられる。汚染物質には，塩素系有機溶剤，アスベストなど有害物質，放射性物質，接着剤などに含有される揮発性有機化合物（Volatile Organic Compounds：VOC，またはVery Volatile Organic Compounds：VVOC）などがあり，気体，液体，微粒子の状態で存在している。事業所，または住居の部屋は密閉空間であり，化学物質が存在すると曝露する可能性が高い。また，非常に希薄な大気汚染である悪臭も室内では人の臭覚で検出することができる。しかし，室内は長時間滞在することが多いため，曝露する時間が長くなり必然的に曝露量が多くなり，健康リスクが高まる。労働安全に関しては，特別法として「作業環境測定法」が制定されており，事業所内での環境測定が定期的に行われている。

また，化学物質のハザードに関しては，SDS情報整備に関して「特定化学物質の環境への排出量の把握等及び管理の改善の促進に関する法律」第14条で定められているが罰則はない。この他類似の法令として，「労働安全衛生法」第57条，「毒物及び劇物取締法」（第12条）でも情報表示が求められている。なお，1988年には，労働省（現 厚生労働省）で「半導体製造工程における安全衛生指針」を策定し，43物質のMSDS（Material Safety Data Sheet）データが添付された。製造現場での取り扱い化学物質のハザード評価として初めてSDSが行政によって公開される例となった。その後，行政のホームページでも公開されるようになっている。他方，化学物質の有害性の調査（情報整備）には環境コストが生じ，事業所によっては莫大な種類のものが使用されているため，一企業が独自でSDS情報を整備するには莫大な支出が必要となる。外注するとさらに高額となる。したがって，化学関連の産業でない場合，基本的

には既存に存在する信頼ある機関が公開している情報を収集し整備することが合理的である。なお，直接生物実験が必要となる場合は，動物虐待に関して国際的な世論が高まっており，極力最小限度にとどめることが望まれる。

　室内環境悪化は従来より多くの被害を発生させており，シックハウスシンドローム（Sick House Syndrome）と呼ばれており，アレルギー発症が問題となっている。曝露した者は，頭痛，めまい，物忘れ，臭気異常など症状を示すことが確認されている。原因物質は，建材などに含まれる揮発性有機化合物であるVOC（キシレン，トルエン），VVOC（ホルムアルデヒド）の複合的な毒性と考えられている。米国環境保護庁ではすでに1987年に室内環境汚染の原因物質として数十物質を公表している。また，ホルムアルデヒドについては，ドイツ，オランダ，スウェーデン，WHO（World Health Organization：WHO）で基準値が設定されている。わが国では，シックハウス対策として2003年に建築基準法の一部が改正されている[17]。規制対象となった化学物質はクロルピリホスおよびホルムアルデヒドである。

　また，科学技術の発展とともに生活が飛躍的便利になってきた反面，生活の周りには膨大な種類の化学物質が存在するようになってきた。金属，たばこの煙，農薬，排ガスなどのアレルギー（化学物質過敏症）も社会問題となっている。欧米ではMCS（Multiple Chemical Sensitivities）ともいわれる。被害者の症状は人によってさまざまで，皮膚炎，頭痛，めまい，吐き気，動悸，脱力感，鼻炎，睡眠障害などがあり，医学的には不明な部分が多い。食物アレルギーも人によって異なる総許容量を超えた際に突然発症することもある。「花粉症」は，植物の花粉とディーゼル排気粒子（DEP：Diesel Exhaust Particles）が総合的に作用して発症するとの学説が有力である。

　今後は，病原体による感染，微量放射性物質による健康影響などについて科学的知見を整備し，法令による規制が実施されることが期待される。

(2)地球環境
①地球の変化
　太陽で行われている核反応が少し変化するだけで，地球に降り注ぐ電磁波

(さまざまな波長の光)の量が変化し,人の生活や自然環境に影響を及ぼす。ときには深刻な事態となる。地球は宇宙の中では極めて微小な存在であるが,非常にまれに彗星(太陽系の中を楕円の軌道などを描いて移動している星)や小惑星が地球にぶつかってくることもある。また,地球内部のマグマなどエネルギーの噴出,地球の表面を覆うプレートの移動,ウォーレス・ブロッカー(Wallace Smith Broecker)の唱えた大海流などの変化などで,大幅な気候変動,地表面の変化などが発生し,生態系は幾度も絶滅の危機に瀕したことがある。地球全体が凍り付いたり,地球の上空のほとんどがエアロゾル(微粒子)に包まれたり,海中・大気の酸性度が変化したりと,現在の地球とは全く異なった様相になる。宇宙からの粒子放射線を曲げ,地上の生物を放射線曝露から守っている地球の磁場が反転(N極とS極が逆になる)したこともある。現在私たちが暮らしている環境は,長期的には大きく変化している。数千年,数万年の環境状況についてモニタリングが可能ならば,その変化を指数関数で表すと視覚で理解することができるだろう。

　急速に拡大している宇宙は,エネルギーが新たに加えられなければ,冷却していくこととなり宇宙はいずれ寒冷状態となる(ダークエネルギーによってある程度状態が保たれることも予想されている)。そもそも何もない空間の寒冷状態とはどのようなものか,光(電磁波)エネルギーがなくなった状態なのか,また3次元で考えると宇宙の外側はどのような状態なのか,身の回りにある3次元の環境と比較して理解して捉えることは極めて困難である。太陽からの光は,地球で光合成を可能にし,可視光を供給し,熱(赤外線)等生命を維持するために不可欠なものである。化石燃料も,そもそもは数千万年～数億年前の生物の死骸から生成されている。再生可能エネルギーの多くは太陽からのエネルギーに由来している。しかし,太陽は45億年程度でエネルギーを作り出している核反応の燃料である水素がなくなり,その後5億年程度赤色巨星となり最終的には白色矮星となると予想されている。地球は太陽の重力が増したときに飲み込まれ消滅する。地球および太陽系は45億年程度で一生を終えることになる。

②オゾン層の破壊

　約35億年前から地球に誕生した藍藻類によって光合成が始まり，生成された酸素（O_2）が成層圏（上空約10〜50km）でさらに変化しオゾン（O_3）が生成され，約4〜5億年前にオゾン層を形成した。オゾン層は宇宙からの有害な紫外線を吸収し，成層圏の通過を大幅に減少させたため，生命が陸上で維持できるようになった。この生命維持システムができたことで，紫外線が届かない海中10mにしか生息できなかった生物が陸上に繁殖していくこととなる。人類もその種の１つである。

　その後，人類によって地上では非常に安定で健康へのリスク（危険性・有害性）が少ないCFC（Chlorofluorocarbon：日本での商品名は，フロン）[18]が開発され，数十種類の液体または気体の状態の商品が販売・普及し，家庭用・自動車用のエアコン，冷蔵庫の冷媒，スプレーの噴射剤，クリーニング・金属部品などの洗浄剤などが既存物質から代替された。CFCs（フロン類）のおかげで生活，労働現場の安全衛生は向上し，発火性もないことから爆発火災の危険性もなくなり，郊外にしか作れなかった作業場が市街地でもできるようになった。たとえば，生活に密着しているクリーニング業の利便性は増した。行政も補助金をつけて経済誘導策を用いてCFCsの普及を促した。CFCsは生活や地域のリスクを低減することに成功し，多くの健康被害，火災などを防止に寄与した。販売された当初は，一種の環境商品であった。

　しかし，あまりにも安定な化学物質だったため，蒸発すると成層圏まで達し，そこで宇宙からの強いエネルギーである紫外線に曝されラジカル（非常に活性に富む［反応しやすい］遊離基）状態となり，１つのフロン分子が約１万個のオゾンを破壊するようになる。この現象によってオゾン層が破壊されていくことになる。製品化する前に環境に及ぼす影響についてリスクアセスメントが行われなかったため，環境商品として世界中に普及したのちに世界で初めて地球環境に対する対策（国際的な規制）をとらなければならなくなった。規制をするための技術的根拠となったのは，1974年に米国の化学者ローランド[19]がCFCsによってオゾン層が破壊されていることを調査研究した報告である。

　その後，1980年代に入り，南極上空でオゾンホールが観測され国際的に危機

図2-2-5 航空機が飛行する約10kmより上空へ約50kmにわたりオゾン層(成層圏)が広がる

感が高まり,「オゾン層の保護のためのウィーン条約」が1985年に採択され,1988年に発効している。わが国の批准は遅く1988年4月に国会承認,加入書寄託を行っている。規制のスケジュールなど詳細は「オゾン層を破壊する物質に関するモントリオール議定書」で定められ,1987年に開催された当該条約第1回締約国会議で採択され,1989年に発効している。CFCsの段階的な使用全廃(先進国と途上国とで異なる)が定められた厳しい内容となっている。一度破壊した環境はなかなか戻ってはこない。一方,オゾン層破壊防止対策としてCFCsの代替品として開発されたHFC(hydrofluorocarbon)は,一時急速に普及したが,地球温暖化効果が非常に高い(二酸化炭素の数千倍)ことから「気候変動に関する国連枠組み条約」に基づく「京都議定書」で削減規制の対象になった。しかし「京都議定書」はあまり効果をあげられなかったことから,HFCsはオゾン層は破壊しないが「オゾン層破壊物質に関するモントリオール議定書」で使用消費量が段階的に削減されることとなった[20]。なお,CFCsは,高い温室効果係数を持つことから地球温暖化にも寄与していた。

わが国では2001年に「特定製品に係るフロン類の回収及び破壊の実施の確保等に関する法律」(通称:フロン破壊法)が制定され,2002年から含有対象機

器を段階的に規制している。規制対象は，CFCs，HCFCs および HFCs となっており，燃焼やプラズマを使って分解処理を行っている。気体状のものは容易に大気に放出されてしまうため，厳重な管理が必要である。

　地球が太陽に飲み込まれる約45億年後までに，オゾン層が数十年前のように地球全体を覆う状態に戻るのは難しいといえる。国際条約の取極めに反して，未だに CFC などオゾン層を破壊する物質を使用している者もおり，密輸も行われていることから考え，却ってオゾン層破壊を悪化させる可能性さえある。法令による規制がなければ，人類は短期的利益のために地上に生息する人類全体および生物全体を死滅させるおそれもある。人類は，地上への到達量を増加させてしまった（健康被害を生じさせる）紫外線のリスク対策を今後常時対処していかなければならない。生活へのリスクを高めた紫外線と共存していかなければならず，皮膚への障害，白内障をはじめ目への障害などを予防する習慣が必要であろう。これからの環境保全には人類の活動において"Think globally, Act locally"といった考え方を持たなければならない。

③地球温暖化

　地球は現在氷河時代にあり，氷河期が繰り返されている。この原因は，さまざまな学説があるが太陽，地球など人の活動には関係がない自然現象となっている。現在の地球は，氷河期に向かっている。その周期は長く，人の一生をかけても変化を確認することは難しい。しかし，人類は，地球全体の気温を非意図的に（これまでの地球の気温変化と比べて）急激に変化させている。いわゆる地球温暖化である。人類が存在しなければ地球は現在数千年かけて平均温度が数度下がる冷却化が漸次進んでいるはずである。約1万年前に発生した氷河期の研究結果から推定すると，陸上に降った雪（氷）が溶けずに少しずつ増加し，水域が減少し海面が120m 以上ゆっくりと低くなっていく。しかし，現在は地球全体の気温がこれまで地球が体験したことがないようなスピードで上昇しており，この影響で海面が上昇（陸上にある氷河の溶解，海水の膨張）し，海流にも異常を来し（淡水の海への流入による塩分濃度の低下などが影響），気候が変動している。

地球温暖化の原因は，人類が産業革命以降化石燃料を燃焼し発生した二酸化炭素が大気中で増加したことがトリガーとされる。化石燃料はオゾン層の形成で有害な紫外線のリスクがなくなったことで陸上に繁殖した森林（石炭），微生物等（石油，サンドオイル，シェールオイル，石油ガス，天然ガス，シェールガス）が腐敗し，地下で高い圧力がかかり数千万年〜3億数千万年（石炭紀から）かけて生成したものである[21]。炭素が効率的に固定化されたものであるため，酸化（燃焼）でエネルギーを生み出すことができる。このとき同時に生成した二酸化炭素は，熱（赤外線）を吸収する性質を持つことが地球表面を暖めることになる。ただし，地球を温暖化させている80〜90％の原因は水蒸気であり，二酸化炭素による大気の温暖化で水蒸気の発生を増加させていることが地球温暖化の主原因といえる。お湯を沸かしているような現象で地球は温暖化している。

図2-2-6　海上で突然発生した竜巻（漁船が逃げ帰っている）

　他方，地球の上空は，100m上昇すると約0.6℃下がることから，水蒸気が大量に上空に上昇すると数千メートルのところで氷（または雪）となり比重が重くなり降下する。上昇気流が強いと氷が大気中を上下している間に大きくなり地上に多大な被害を及ぼすこともある。上昇気流が大きくなる夏期，梅雨時期

にリスクが高まる。また，海が膨張する原因の1つである海面温度の上昇は，上空へエネルギーを送り台風を大きくする。これまでにない大きな台風が発生したり，これまで台風が来なかったところへも向かわせてしまう。竜巻やダウンバースト（強い下降気流）なども発生する確率を高めている。人がこれまで体験したことがない気象が次々と起こる可能性が高い。他方，ヒートアイランド化した都市では，地球温暖化によってさらに局所的な気温上昇現象が強くなり，集中豪雨，雹の降下，高温による健康被害の発生が懸念される。企業が集中する都市は，ESGの観点から具体的な対処（クーラーの使用，移動手段，服装など）が必要である。

　人類の活動がもたらした気候変動はすでに始まっており，不可逆的状況になっている。地球温暖化原因物質は人の活動の至る所から発生するため，国際的な環境政策の原則となっている「汚染者負担の原則」[22)]での対応は困難である。人が作り出すほとんどの商品（もの，サービス）は，LCA分析が行われていないため，中長期的に考えて環境負荷を少なくしているか否かを判断することは極めて困難である。たとえば，再生可能エネルギー設備を設置しても，その装置を作るまでに大量のエネルギー，資源を使い，比較的早い期間で破棄となり，廃棄物処理処分が合理的に行われない場合，却って地球温暖化原因物質を大量に発生し，他の環境負荷も高める。イメージだけで環境対策をしても本末転倒となることがある。また，環境に関する教育を行う場合も，内容をよく精査して行わなければ間違った理解を広げることとなる。環境負荷の最も基本的なLCA情報がほとんどない状況で，「環境によい」，「環境に優しい」との表現を使うのは慎重になるべきであろう。社会的に注目されている二酸化炭素の排出を防ぐ方法を見出すことは非常に難しい。

　わが国ではFIT（Feed-in Tariff：フィード・イン・タリフ）制度と呼ばれる再生可能エネルギーによる電気を電力会社へ売電できる法律として，2009年に「エネルギー供給事業者による非化石エネルギー源の利用及び化石エネルギー原料の有効な利用の促進に関する法律」（太陽光発電に限定），2012年に「電気事業者による再生可能エネルギー電気の調達に関する特別措置法」を制定して同時に進めている。経済的誘導策であるので，家庭で発電して電気を電

力会社に販売して利益を上げることが注目された。しかし，その財源は欧州で本制度が運営されていたときと同様に，消費者の電気代に上乗せられた「再生可能エネルギー発電促進賦課金」として確保している。欧州では2009年の金融危機以来，FIT制度はコストが嵩み停止または廃止され，わが国でも売電価格を下げている。このため，FIT制度によって新たに作られた市場は縮小し，持続可能な開発（ビジネス）とはならなかった。また，電気エネルギーの生産・販売を自由にした2016年の電力自由化（電気事業法の改正施行）は，安価な供給源へのシフトを促し，発電効率が悪く，有害物質の発生が多い石炭火力による発電量が拡大した。

　二酸化炭素の排出を有害物質規制のように排出源での測定に基づき取り締まりことはあまり現実的ではない。CFCsも無色無臭の気体であるので大気に違法に排出させても確認することはできないが，生産規制をすれば全廃をすることが可能である。しかし，二酸化炭素は商品ではないため生産規制することはできない。前述のように地球温暖化による気候変動は進行しており，その環境変化に適応していかなければならないのが現状である。すでにダボス会議で述べられているように経済への影響は避けられない。農業，林業，漁業は生産物や漁猟される種または品種が変わり，やがて産地が北上していく。台風や湿気，高気温に対応した建築物，冷房用エネルギーの増加（夏日，真夏日の増加），熱帯性疾病の発生・拡大，イノシシの生息域の北上など害獣被害などすでに日本では変化が進行している。農業では，この対策として品種改良など技術開発が進められているが，次第に温暖化していくことから，長期間安定して収穫できる品種を作り出すのは難しいだろう。ローマクラブが『成長の限界』で述べていた「環境悪化の悪循環を断ち切るには技術的解決のみではできない」といった考え方は現実のものとなっている。

　地球温暖化はすでに始まっており，科学的検討の結果その原因とされる二酸化炭素は増加を続けており気候変動などは悪化の一途となる。GDPの成長が人類の幸福度の最優先目標となっていることから，今後も開発は次々と進められていく。2012年にブラジル・リオデジャネイロで開催された2度目の環境サミット「国連持続可能な開発会議（United Nations Conference on Sustainable

Development：UNCSD）」では，開発時に「環境効率向上」を考慮する「グリーン経済」が注目され，経済成長時の環境負荷発生率は低下することが期待された。しかし，「気候変動に関する国連枠組み条約」の詳細規定を定める「パリ協定」で目標としている2100年までに世界の平均温度の上昇を2℃以内とすることは，関連の多くの研究者から全く達成できないとの分析が主流である。各国の経済的，社会的事情，あるいは思惑に基づきバラバラに示された地球温暖化原因物質削減目標では，達成度比較の意味はなく，不公平感も高まる。すべての活動が，いわゆる「努力義務」にすぎなくなるおそれもある。現状では，変化する環境に適応を進めていくことが妥当である。島嶼諸国からは上昇を1.5℃以内にする強い要望があったが，当該会議では「努力する」に抑えられた。海面上昇によって国土が水面下になる国は，今後どのように生活を維持していくのだろうか。バックキャスティングで対策を検討しなければ，将来悲劇的な結末となることが懸念される。人は空間的（場所）移動は可能であるが，時間的な移動は現状では不可能であり，過去に戻って人類の現活動を改善することはできない。

　他方，「(1)③水質汚濁防止」で述べたように海の酸性化も確認されており，海の中はまだ解明されていない部分が多いため，大きな生態系の変化または絶滅が進行している可能性がある。陸上の酸性度はpH5.6で弱酸性であるが，海は約pH8.1でアルカリ性であるため，海生生物は酸性に弱い。どのような変化が進行しているのか不明である。また，人類の漁猟により特定の種を中心に生息数が急激に減少している。漁猟していた魚がいなくなれば，次によく似た魚を捕り出すだけである。マグロがいなくなれば，よく似た味のマンボウを捕り出すなど，海中の食物連鎖や生態系の持続性はあまり考えられていない。漁猟されている海生生物は，レッドデータリストに載っていても養殖が普及しない限り，数が減ることで価値が上がり続け絶滅に向かって突き進む。この人の欲と海の酸性化で，海の中は急激に変化していると予想される。海生生物の大激減もあり得る。この変化を遅らせる方法は，漁猟，または養殖した魚介類をなるべく無駄にしないことであろう。形や大きさにこだわり規格品の売買にこだわらないことが最初にできることであろう。また，底引き網のように稚魚から

根こそぎ獲ってしまうと生態系が短時間で崩壊してしまうため，国際的に中止すべきであろう。しかし，目の前の利益に取り憑かれた者へ"Think globally"の意識は理解できない。バブル経済と同じで，いずれ誰かが「破綻」し，ドミノ倒しになるまで続けられるだろう。ESG経営を考えるならば，直接的利益がなくても二酸化炭素放出の防止を図り，短期的な利益があっても持続性がない事業に取り組まないことである。環境責任，社会的責任を果たすことになる。

④ 生物多様性の喪失——生態系へのダメージ

オゾン層の破壊による紫外線の増加で生態系，人の健康にすでに悪影響が発生している。オゾン層が修復される見込みはないため，この現象は人類が生存している間ずっと影響され続ける可能性が高い。また，地球温暖化でもすでにさまざまに生態系が変化しており，今後さらに影響は大きくなっていく。経済による効率化を図るために資源を消費する方法を用いている限り，この変化のスピードが下がることはない。環境効率（製品またはサービスの価値／環境負荷［環境影響］）の向上を考え，生産活動が行われれば，利益だけを考えた効率化は防止することはできる。すなわち，自然資本の低下を抑制することとなるため，生態系の保全は保たれる可能性が高まる。ただし，原単位で環境効率を考えると生産が増加するとやはり消費される自然資本の減少総量は大きくなる。すなわち自然，生態系へのダメージは拡大する。したがって，排出規制を厳しくしても排出源が莫大に増加すれば，結局環境全体の汚染は進行してしまう。生物は化学物質と異なり，遺伝子によって性質が変化するため，種内，種間，生態系の関係が極めて重要となる。生物多様性を保全しないと個々の生物の維持は不可能である。

したがって，人類が単独で地球上の生態系の中で存在していくことはできない。また，人間が選んだ生物だけ，たとえばかわいいと思っている生物だけを持続的に生息させ，気持ち悪いまたは嫌な生物を駆除してしまうようなことをすると，生物多様性は失われ中長期的には生態系は脆弱となり滅んでしまう。また，ペットまたは観賞用植物として生態系を無視して輸入される動物，植物は，購入者が価値を感じなくなった時点で一般環境中に放たれることが多く，

既存の生態系を破壊する。日本では，「特定外来生物による生態系等に係る被害の防止に関する法律」（2005年制定・施行）によってわが国の生態系に悪影響を与えると定められたものは駆除される。アライグマ，みどりがめ（ミシシッピーアカミミガメ）など単に「かわいい」といった価値（サービス）で，命ある生物にもかかわらず「もの」のような商品として扱われ，さらに邪魔になると捨てられ（廃棄され），環境破壊の原因として命が奪われる。地球で人類がこのようなエゴを続ける限り，持続可能性はない。ガチョウやアヒルに無理に餌を食べさせ，肥大した肝臓が高級食材になるフォアグラは，動物虐待でできた人の食欲を満たす食べ物である。海からとれる高級食材フカヒレは，漁猟された鮫の背鰭を切り取って作られる。背鰭が切り取られた鮫は，海に捨てられ苦しみながらいずれ命を失う。人は鮫の苦しみや海の生態系が変化することなど考えずフカヒレを食べ続ける（第Ⅰ部Ⅰ－1－2，(3)②参照）。

　一方，世界で複数の動物保護団体が狩猟中止を唱えている鯨は，9世紀頃スペインのバスク人が始めたとされており，17世紀から欧州，18世紀から米国が開始し乱獲によって世界の海から次々と姿を消していった。特にノルウェー式捕獲技術が開発されてからは急激に減少した。日本近海にも北極海周辺と南方を回遊（子供を産むために暖かい海に移動する）している鯨が数多く生息していた。しかし，江戸末期に黒船が来航し，米国に要求された捕鯨船への供給が行われるようになってからは，欧米の大型船が競って猟をするようになり，宮城県牡鹿半島沖の島，金華山沖には数百隻の捕鯨船が姿を見せることもあった。その結果，わが国近海の鯨は激減している（第Ⅰ部Ⅰ－1－2，(3)②参照）。わが国でも室町時代（1333年～）から捕鯨を行っており，高級魚として食された記録が残っている。その後，昭和初期（1934年～）から南極海に捕鯨船団が出漁するようになった。捕鯨が始まった当時は，燃料としての油脂，繊維としてのひげなどが世界で利用されていたが，現在では日本で食品として，缶詰（焼肉や大和煮など），料理（刺身，竜田揚げなど）に使用されている。

　捕鯨は，「国際捕鯨取締条約」（1946年採択，1948年発効）に基づき，抑制・禁止等が進められている。具体的検討は，国際捕鯨委員会（International Whaling Commission：IWC）［日本は1951年に加入］が行っている。南極海の

I-2 人工物の影響・対処   103

図2-2-7 古式捕鯨山見跡（和歌山県）

ザトウクジラの捕獲禁止に始まり，南極海，北太平洋でのナガスクジラ，イワシクジラの捕鯨操業禁止などが定められている。1963年，1964年に英国，オランダが捕鯨から撤退している。17世紀以降世界の海で食物連鎖頂点の鯨が激減していることから，すでに見えないところで海中の生態系は変化していることが予想される。「絶滅のおそれのある野生動植物の種の国際取引に関する条約（ワシントン条約）」で規制対象種[23]になっており，IUCN（International Union for Conservation of Nature and Natural Resources：国際自然保護連合）でもレッドデータリスト[24]の対象になっている。

　生物多様性に関しては，複雑な自然科学的分析が必要なため，環境保全上最もよい方法を見出すことは困難である。また，食文化，生活習慣など背景もあり，地域格差，価値観の違いなど含め，コミュニケーションを深めることが最も重要と考えられる。過激な行動は却って問題点を不明確にする。

(3)エネルギーと環境
①さまざまなエネルギー

　太陽は核融合反応で発生した核エネルギーによって輝いており、地球上の生命は太陽からの電磁波（さまざまな波長の光）で生成される光合成（酸素とバイオマス［biomass］の生成）、熱、可視光などで維持されている。そして地球の磁場とオゾン層が、電荷を持った粒子線や紫外線から地上の生き物を守る生命維持システムを形成し、宇宙でも極めてまれな状況を作り上げている。その生命の死骸から数千万年から数億年をかけて生成した化石燃料が作られ、人類の現在における繁栄はこのエネルギーに基づく要因が大きい。しかし、恒星は核融合によって輝いており、宇宙のほとんどのエネルギーは水素の核融合によって作られており、地球で人類が利用している化石燃料は極めてわずかな量である。

　人類は、核分裂による核エネルギーをまず原子爆弾として使い、その後発電に使用しているがうまくコントロールができず、度重なる事故を発生させている。核融合で発生するエネルギーも水素爆弾として開発し、現在は発電用として開発している。しかし、核エネルギーを取り出すには核反応時に健康影響がある放射線を発生させ、核分裂では使用済燃料（ウランに中性子を照射された後の物質）にプルトニウム（^{239}Pu：原子爆弾の原料）を含む高レベル放射性廃棄物も生成する。宇宙ではポピュラーな核反応を地上で利用するには、不明な部分が非常に多い。その反応で作用している素粒子の存在や性質は、近年やっと解明され始めたばかりである。特に核融合は、最も単純な元素である水素を2つ融合させる反応であるが、太陽や星と同じように熱（電磁波）を発生させることができても、原子より小さいレベルの物理現象がよくわかっていない。また、福島第一原子力発電所事故（2011年）のように、核反応施設に壊滅的なダメージを与える地球内部の変化に基づく現象も予測することができない。したがって、環境や生活あるいは国のガバナンスに関するリスクを避けるため、取り扱いが比較的容易な化石燃料を使い切るまで使おうとするのは当然であろう。ただし、比較的短期間で化石燃料は明確に枯渇する。その前に燃料の高騰が起こり、経済格差、生まれた場所などによってエネルギーから得られるサー

ビスを受けられる者は限られていく。

　農業（植物工場以外）は，地上に存在する二酸化炭素と水から，太陽から得られる光を利用し葉緑素[25]によって有機物質（炭素を固定化）を作り，食料を供給している。人は植物種を操作し，数千年をかけ多くの農作物を作り出してきた。緑の革命以降は収穫量が増加し，1980年頃問題となっていた人口増加率を超えた増産が実現している。中でも，トウモロコシは人工的な品種改良により地球全体に大繁殖している。穀物をはじめ農作物の多くは人工的繁殖に大成功した種といえよう。この方法で，エネルギーを得る方法にバイオマスがある。エネルギーにも，ものの材料にも，食料にもなる。生態系にとっても不可欠な存在である。森林や草むら，海藻が生い茂る海などは実際には人類の存在に最も重要な自然資本である。化石燃料はそもそもはバイオマスであり，われわれの体もバイオマスでできている。

　人工的に作られたエネルギーは，照明，移動，冷暖房，通信，動力などに使われているが，環境に光害，大気汚染，水質汚濁，地球温暖化，騒音，開発による自然破壊など大きな影響を与えている。人や生物にとっては大きな損害となることもある。自然現象そのものを利用した再生可能エネルギーとされるものもあるが，発電施設・設備は再生可能ではなく持続的にエネルギー生産を行うには人工的な資源循環システムが必要となる。太陽のエネルギーをそのまま利用する天日干しや殺菌，昼間の可視光などエネルギーを利用する方法は持続可能であるが，再生可能エネルギーを電気または動力などに利用するときは何らかの装置が必要となるため，装置をいくらメンテナンスしても寿命があり，持続可能ではない。エネルギー自体は再生可能でも，エネルギー生産装置およびその設置設備は人工物である。再生可能エネルギーは，エネルギー密度が小さいため，設置のための莫大な設備，機器の製造，メンテナンス，リユース・リサイクル，適正処理に大量の資源とエネルギーが必要となる。ソーラーパネルのガラス部分の溶解には数百度から数千度の熱が必要であり，野外に置かれる電子回路などの寿命は10年程度であろう。装置も含めれば，自然エネルギーを使っているとしても単純に再生可能とは考えられない。

　対して，一時は化石燃料の代替として現れた原子力エネルギー（核分裂）は，

図2-2-8　揚浜式製塩の塩田
（海水には1リットル約30gの塩［主成分：NaCl］が含まれる）

1つの原子炉で莫大なエネルギーが生産でき，固形廃棄物の量が少なく，大気への廃棄物である二酸化炭素も核反応では生成しないため，当初は期待された。膨大なエネルギー供給を可能にするため経済成長にとっても非常に有望な発電だった。しかし，事故時の放射性物質放出のハザードが極めて大きく，核反応のコントロールが難しい。事故後の放射性物質汚染の合理的な対処も定まっていない。エネルギー資源がないわが国政府は，経済成長の救世主のように考え原子力発電の施設を拡大させた。環境アセスメント不足のまま，リスクの存在を十分に示さないで，曖昧な言葉である「安全性が高い」と説明していた政府の責任は重い。

②エネルギー生産

エネルギー政策は独立で存在しており，環境保全を目的としているわけではなく，国民または地域に，安定したエネルギーを供給することを目的としており，環境政策とは異なる。しかし，近年，化石エネルギーの枯渇が懸念されるようになり，その代替が検討されるようになった。第4次中東戦争中の1973年にアラブ石油輸出国機構（Organization of Arab Petroleum Exporting Countries：OAPEC）が石油供給制限と生産削減を実施，石油輸出国機構（Organization of Petroleum Exporting Countries：OPEC）も値上げを実施，1979年には，イラン革命（きっかけとなったイラン国王の亡命は1978年）による原油輸出の中断で発生したオイルショックで，先進諸国における石油代替エネルギーの開発を促した。持続可能性がある再生可能エネルギーは，エネルギー密度は小さいが将来のエネルギー供給源として注目された。また，経済発展を支える大きなだけのエネルギーを生産できる発電方法として原子力発電が期待された。先進国が新エネルギー開発に意欲的になっていることに危機感を持ったOPEC諸国は，開発のインセンティブを持たせないように石油価格を適宜上下に操作し出す。

　オイルショック以降，世界各国は中東地域から輸入される石油依存によるエネルギー供給構造を見直し，エネルギーの種類別割合についてバランスを考えるようになった。この手法としてRPS（Renewable Portfolio Standard）制度が複数の国に取り入れられるようになった。複数のエネルギー源を組み合わせることで安定供給を図ることを目的としている。一般的に持続可能な供給が得られる再生可能エネルギーを利用した発電などの割合を増加させる政策がとられた。また，省エネルギーは，単位燃料またはエネルギー当たりのサービスを増加させるもので，エネルギー量（または燃料）を増加させることと同じ効果を持つため，エネルギー生産と同時に研究開発が進められている。

　米国を例にとると，コジェネレーションなど発電の効率化および風力，小規模水力，太陽光，バイオマスなどで発電した電力の購入を電力会社に義務づけた公益事業規制政策法（Public Utility Regulation Policy act of 1978 [PURPA法]）が1978年に制定された。新エネルギーによる電力供給事業は，新たな設備装置が必要となり，生産や生活に不可欠なサービスであることから新たな金融商品として投資の対象となった。短期的な利益に注目したり，M&A（Merger and Acquisition）の対象となると金融が不安定となり電力供給も安定性を失う。電気はさまざまな人の活動に利用されており，個人，企業，政府のセキュリティーにも大きく関わっているため，安全保障をも脅かす事態の懸念もある。この対処として，米国政府は景気刺激策として制定した「米国再生再投資法（American Recovery and Reinvestment Act：ARRA）」の中で2009年2月に

スマートグリッド（smart grid）を推進し，IT（Information Technology）管理によるエネルギーの安定供給を進めた。この政策では，雇用創出を目的として，エネルギー密度が低いため莫大な施設・機器が必要な再生可能エネルギーの拡大を図っている。

　日本は，RPS法として「電気事業者による新エネルギー等の利用に関する特別措置法」を2002年に施行している。本法は，再生可能エネルギーの導入拡大を目的としており，対象は，①風力，②太陽光，③地熱，④水力（水路式の1,000kW以下の水力発電），⑤バイオマスである。この新エネルギー等電気利用目標量は，経済産業大臣が4年ごとに定め，当該年度以降の8年間についての電気事業者による新エネルギー等電気利用の目標を定めていた。そして各電気事業者は，毎年度，その販売電力量に応じ一定割合以上の新エネルギーによる電気を自社で発電または他社（他の電気事業者，新エネルギー電気発電事業者）から購入が義務づけられ，わが国の再生可能エネルギーの発電量は着実に増加していた。しかし，「電気事業者による再生可能エネルギー電気の調達に関する特別措置法」（フィード・イン・タリフ制度）が2012年7月に施行された際に，わが国のRPS法は廃止されてしまい，中長期的に再生可能エネルギーを計画的に着実に増加させていくシステムは失われてしまった。フィード・イン・タリフ制度における売電価格が下落したときに，却って再生可能エネルギーの導入は減少していくことも考えられる。

③価格と消費

　エネルギーは，生活に常時不可欠なサービスであるため，消費者にとって価格が最も注目する選択肢となる。現在安価に販売されているものが選択される可能性が高い。原子力発電は比較的安価に電気を供給できるが，グレーな状態になっている数万年以上を要する核廃棄物の処理処分（強い放射線に曝され励起し，不安定に状態になってしまった材料または化学物質も含む）にかかる費用が含まれていない。福島第一原子力発電所事故による被害額は約20兆5,000億円と試算されている（2018年現在）。今後追加で必要となるリスク対策費用など原子力発電で得られた本当の値段には含まれておらず，将来支払うコスト

が不明である。しかし，目を向けようとしない核廃棄物コストなどを含めない電気は安価であるので，経済成長のために世界的に利用されていく可能性が高い。ただし，現在使用されている商品すべてが，中長期的に考えた LCA は調べられておらず，当然 LCC も不明なものも極めて多い。商品は，廃棄後の処理処分すべてのコストを考えると，本来はもっと高価になる。

　身近な問題で言えば，地球温暖化の原因となっている化石燃料は莫大な量を毎日使っているが，気候変動に不安を感じてもエネルギーの消費を控えようとはしない。この問題の解決策についてよく提案されるのは「環境教育」であるが，教育すべきことを明確に示すことは難しい。長期間を経て変化していく環境異変とその原因，因果関係を教えることは困難であり，現在またはここ数年の生活に直接影響しないものはプライオリティが低くなるのは自然の流れだろう。火力発電の中でもクリーンと漠然と言われる天然ガスは，採掘時に地下から大量の有害物質を地上に放出する。これは地熱発電と類似している。シェールガス，オイルシェールも同様である。クリーンというとイメージが先行し，いかにも環境負荷が少ないように思われるが，宣伝に使用される言葉は「環境に良い」「環境にやさしい」といった抽象的な表現であり，何が良いのか，優しいのかわからない。2001年に公正取引委員会から公表された「広告表示についての留意点」に従い，製紙会社が古紙配合率を実際より高い値を表示し，「環境に優しい」と虚偽の広告を行っていた不正事件に対して，当該委員会から「優良誤認に基づく排除命令」が出されている。今後さらに「環境」という言葉に関して曖昧または誤認を起こさせる表現は注意していかなければならない。

　また，米国で大量に存在しているオイルシェールやシェールガス，以前から大量に存在していることが確認されているカナダのサンドオイルなど採掘，精製に高コストを要することができれば，これまでのように化石燃料による供給が可能である。ベネズエラやブラジルのように石油価格の下落で化石燃料の採掘が困難になっている地域からも供給が始まる。石油価格が地球温暖化原因物質である二酸化炭素およびイオウなど，有害な含有物の排出量を左右することとなる。ただし，化石燃料の価格が高くなることが前提であるので，世界または国内における貧富の格差が，化石燃料で得られるサービスを受けられること

になる。まず，安価な石炭の消費量が増加されることから急激な格差は生じないが，PMや酸性物質などは大気汚染のリスクを高めるため，大量消費には限界がある。汚染が発生するとまず弱者が犠牲になる。

そもそも高額な再生可能エネルギーの消費を増加させようとすると電気料金などが高騰し，化石燃料の消費を促す可能性がある。2000年初頭に京都議定書から脱退を表明した米国のブッシュ政権が農作物，有機物のゴミを発酵させて生成するエタノールいわゆるバイオ燃料を自動車燃料の代替品としようとしガソリン価格を高騰させたが，後発途上国の穀物（食べ物）を奪い，国際的に混乱を発生させ失敗に終わっている。石油の国際間の供給に関してはオイルショック時とはかなり変わっている。まず，大量の採掘可能な石油を有し，大量の石油を採掘しているイラクは，米国，英国に軍事的に支援を受けており，サウジアラビアなどは食料自給率が低く米国からの食料輸出がなければ需要が満たせない状況である。フォード大統領時（在任期間：1974～1977年）から続けられた米国の食料戦略が功を奏している。すなわち，オイルショックのようなことはOPEC諸国が協力してできない状況である。食料戦略は，日本や韓国，中国などに広げている。したがって，地球温暖化によって気候変動で米国の農業が打撃を受けることになると国際的に大きな影響を与え，さまざまな問題を生じることになる。石油をはじめとする化石燃料を経済的に可能な採掘コストが維持できなくなるまで消費し尽くすか，二酸化炭素の莫大な放出で急激に変化した気候変動で国際的な食糧供給などが破綻するのか，どちらが先に来ても人類が危機的状況となり，あまりよい未来は想定できない。

一方，オイルショック時より石油代替エネルギーとして有望とされた原子力発電が台頭してくることも考えられる。発電し続け捨てている夜中のエネルギーを利用して充電する電気自動車の普及が図られることも予想される。しかし，わが国では福島第一原子力発電所事故の悲惨な状況から，リスク対策が十分であるのか判断がつきにくい（ウランの核分裂による）原子力発電所の再稼働には世論の反対が強い。電気代が安価になることで稼働に賛成となるか否かは予想がつきにくい。なお，核廃棄物（プルトニウム）を利用してサーマルリサイクルを行おうとしていた高速増殖炉に関しても，わが国ではすでに廃炉が

決まっており，使用済燃料について処理処分の方針が定まっていない。わが国で現状のまま原子力発電を普及させるのは難しい。海外では原子力発電を普及させようとしている国が複数ある。前述の核融合による原子力発電も開発が進んでいる。しかし，原子炉の制御は非常に難しく，原子核やその構成要素である素粒子，あるいはダークマター，ダークエネルギーなどの研究は，まだ十分な知見を得られているとはいえない。現状のまま核反応を利用するのは不明に基づくリスクが大きすぎると考えられる。

　ウランの核分裂による原子炉を運転すれば，原子力発電に必要としないウラン238（^{238}U）（地球における存在率約99.3％）を原子爆弾の原料となる放射性物質であるプルトニウム（^{238}Pu）に変えることができる。原子炉内で行われる中性子の照射でウラン238が1つの中性子を得て不安定になるからである。原子爆弾として放射線を出す能力はウラン235（^{235}U）を使った爆弾の約2倍とされており，複数の国で未だに開発を行っている。したがって，原子力発電所を建設すると原子爆弾の製造につながる可能性があるため慎重な対応が必要である。また，英国に原子爆弾製造用のプルトニウム生成のみを目的として1950年にウィンズケール1号基，1951年にウィンズケール2号基が建設されている[26]。この原子炉は，1957年に炉心火災によるメルトダウン事故を起こし，放射性物質が周囲の自然環境に放出し多くの人が被爆し被害者を出してしまった[27]。その後，1973年にも天然ウラン燃料生産用建屋で大規模な漏洩が発生して労働者（31名）が被爆し閉鎖となっている。日本は2017年現在，使用済燃料から抽出分離したプルトニウムを47トン（プルサーマルおよび高速増殖炉用燃料）所有しており，国連総会で中国から原子爆弾製造の疑念を示され，米国国会議員の一部からも懸念が持たれている。1953年12月に米国のアイゼンハワー大統領が国際連合総会で，"Atoms for Peace"を提唱し，国際的な東西冷戦の回避を行い原子力発電の開発が進められたが，却って核拡散を助長し，不必要な疑心も広げている。

　日本の電力事業は政府主導で行われており，事故による大きな被害が予想される原子力発電は，「原子力損害賠償法」によって政府がバックアップする規制もある。日本にエネルギー資源がほとんどないことに対応しての経済への影

響，安全保障を考慮してのことと考えられるが，関連の民間企業にとっては1回の事故で経営破綻を来す事態ともなりかねない。政府は，リスクに関しての研究開発にも力を注ぐべきであり，これまで原子力の安全性を漠然と主張してきた者への責任とその体制など失敗分析を明確に行う必要がある。そして責任の所在とその分析結果について正確に国民へ公表すべきである。民間企業が行う事業についてはステークホルダーへの説明責任が不可欠となっており，日本政府のような対応をしていると信頼を失い，経営の持続可能性はない。ESGの大きな欠如となる。

④再生可能エネルギー

　再生可能エネルギーは，世界各国で導入が進められており，エネルギー供給源として期待が高まっている。しかし，各国の自然はそれぞれに特徴がありその性質をよく考えて導入普及を考えなければ，却って自然を破壊する結果にもなりかねない。すでに，風力発電施設，太陽光発電施設およびダムを設置するために莫大な自然を失い，持続可能なバイオマス生産システムを失っている。発電設備は，持続可能ではない。

　再生可能エネルギーを使用するのは人であり，国または地域の人口によって必要とされるエネルギー量が異なる。人口密度が高く人口が多い国は当然莫大な再生可能エネルギーが必要となる。他方，再生可能エネルギーのエネルギー密度は小さく，また自然の形態でその供給可能量も大きく異なる。

　したがって，1人当たりの自然の量が国，地域によって異なり，人口密度の高い国で，低い国と同じ率（再生可能エネルギー供給量／総エネルギー供給量）で再生可能エネルギーを導入するには限界がある。画期的な新たな技術開発がない限り，再生可能エネルギーを無理に高いエネルギー比率で導入すると却って自然資本を大規模に失うこととなり，中長期的に考えて深刻な自然破壊を生じさせる可能性がある。

　たとえば，900万人の人口を有するA国と1億2,600万人の人口を有するB国で自然を利用した再生可能エネルギーによる発電を，電源構成比30％にすると，A国は，210万人分の発電量が必要となり，B国では，3,780万人分が必要

となる。B国はA国に比べ18倍の発電量が必要となる。両国が同じ自然（環境）を有し、同じ方法で発電すると、単純に考えてA国に対してB国は再生可能エネルギーに必要な国土面積が18倍となる。逆に単位面積当たりに生成できるエネルギー量が一定とすると、1人当たりに得られる再生可能エネルギー量は、A国に対してB国は18分の1となる。B国が、A国の半分の面積しかないと、1人当たりに得られる再生可能エネルギーは36分の1ということとなる。最初に述べたように、両国の再生可能エネルギー利用率を30％にするには、国内の自然を36倍消費することになる。森林などバイオマスで再生可能エネルギーを得ようとすると、次第にバイオマス量は減少していき、持続可能なエネルギー生産は失われる。B国のほうがGDPはかなり高いと予想され、再生エネルギーへの多額の投資が可能と考えられるが、自然資本の消費を長期的に計画しなければ却って大きな損失となる。森林を伐採し、再生可能エネルギーを利用した発電施設をたくさん作っていっても、この施設の運営が終わったところで人へのエネルギー供給はなくなり、元あった生態系へ戻すことも極めて難しい。ゆえに、人口密度が高い国、地域で再生可能エネルギーを導入・普及する際には、これまでの持続的に存在してきた自然を保全することを十分考えなければならない。企業が独自に行う際にも同様である。

図2−2−9　ノルウェー，スウェーデンに多い水力発電

エコロジカルフットプリントの考え方を応用し，1人当たりの「自然エネルギー利用フットプリント」を当てはめると，人口密度が大きくなるに従い，逆比例して小さくしていかなければ自然保全が実現できない。その1つの対処として，複数の国，各地方の特性を活かした種類の再生可能エネルギーによる発電を行い，送電線でつなぎ融通し合いながら効率的な供給することも行われている。ノルウェー，スウェーデン，デンマークは，送電線でつなぎ各国の種類の異なる再生可能エネルギーで得た電力を季節など状況に合わせてバランス良く供給し合っている。ノルウェー，スウェーデンは，水力発電，デンマークは，風力発電が多い。ノルウェーは，夏には水力で発電された電力を各国に供給しているが，冬はダムが雪・氷河に閉ざされるため電力を供給されている。スウェーデンは原子力発電による供給が約3～4割あり，電源ではないが一般廃棄物などの発酵によるバイオガス利用も進めている。なお，ノルウェーは，国土面積は約385.2千 km^2，人口約511万人（2014年），17人／km^2，水力発電の電源構成比約95％（2012年）。スウェーデンは，国土面積は約450.0千 km^2，人口約960万人，20人／km^2，電源構成比は原子力発電が約39％，水力発電が44％（2012年）。デンマークは，国土面積は約43.1千 km^2，人口約571万人（2016年），126人／km^2，風力発電の普及を進めており2017年の国内の電力消費全体に占める風力エネルギーの比率が43％あまりに達している。対して日本は，国土面積は約378.0千 km^2，人口約1億2,667万人（2017年），340.8人／km^2，再生可能エネルギーの電源構成は約15％（太陽光3％，風力1％，水力9％，その他2％），火力は85％となっている（2017年）[28]。スウェーデンに比べ約17倍の人口密度を持つ日本は，1人当たり国土面積はスウェーデンの17分の1しかないため，効率的に再生可能エネルギーを導入しているとも思われる。

⑤省エネルギー

単位燃料当たりのサービス量を増加させることは，エネルギー消費およびそれに伴う環境汚染物質を減少させることができる。省エネルギーの増大は，備蓄または可採可能なエネルギー量の実質的な増大となり，経済成長に不可欠な資源の安定供給に大いに寄与する。エネルギー安全保障面についても有効に働く。

エネルギーは，生成する際にどのような方法を使っても環境負荷は生じる。化石燃料を使用する場合は，SOx（イオウ酸化物：酸性雨［硫酸］の原因），二酸化炭素（地球温暖化原因物質：中長期を要して気候変動などを生じる）や1,200℃以上の燃焼時にはNOx（窒素酸化物：酸性雨［硝酸］の原因）を発生させる。核燃料を利用する場合は，発電時に放射線を発生させ，放射線が照射されたものも励起し（原子核が不安定となり）放射性物質となる。現在発電に使用されているウランを原料とするものは使用済燃料も放射性物質となる。水力発電はダム湖によって湖底に沈んだ生態系が失われている。河川の水の成分も変わり海洋の生態系へも影響を与えている。したがって，エネルギー消費の削減によって環境負荷を減少することが期待できる。

太陽光発電や風力発電など非常にエネルギー密度の小さい装置は，莫大な資源と敷地を使って膨大な数を設置しなければならず，広い地域のあちこちに設置された装置のメンテナンスを必要とし，比較的短い寿命であることから新たな装置・設備を設置するためにさらに多くの資源が必要となる。これら再生可能エネルギーでのエネルギー供給は限られているため，省エネルギーを最大限に実施しなければならない。省エネルギーを推進するに当たって，ITによるマネジメントシステムは欠かせない。企業や個人（スマートメーター）のエネルギー消費のパターンを解析し，より合理的なエネルギー消費の向上も期待できる。これには，HEMS（Home Energy Management System）やBEMS（Building Energy Management System）が進められており，「見える化」も取り入れ消費者の意識を高め，無駄をなくすためのエネルギー利用管理が期待

図2－2－10　郊外の休耕田などあちこちに設置されている太陽光発電設備

される。それら関連データと地域の休耕田などにあちこちに設置が拡大されている再生可能エネルギーの効率的な管理も含め，CEMS（Community Energy Management System）による電力消費のムラの調整で一層省エネルギーが進むと考えられる。

　また，効率的な送電（送電ロスの減少，超伝導）や建物の断熱性の向上など，単位エネルギー当たりのサービス量の拡大するための技術開発は重要である。照明を例にとれば，白熱球から蛍光灯，そして LED（Light Emitting Diode）へと格段にサービス量（明かり）は向上し，無駄な電気（熱など）を飛躍的に減少することを可能にしている。これによって照明器具の長寿命性が可能となり，資源の減量化，廃棄物の減量化も可能となり，環境保全，鉱物資源消費・製造運搬等のエネルギー消費も減少するといった副次的な効果も生まれている。この他，発電所や工場からの廃熱，地下熱，雪氷冷熱など未利用エネルギーの利用も進められている。

　しかし，省エネルギーはエネルギー資源の消費を減少させるため，エネルギー市場の縮小となり GDP も減少する。短期的には景気の悪化となる。省エネルギー自動車が普及することによって，ガソリンスタンドの数がすでに全国的に減少している。

　他方，今後，プラグインハイブリッド車，電気自動車の普及したときの電力供給の拡大，変更も必要である。前述のエネルギーマネジメントシステムの対応も重要である。燃料電池車もエネルギー効率が高まるため省エネルギーが期待できる。しかし，水素と酸素の反応時に発生する熱の効率的な利用に関する検討も必要である。都市で燃料電池が普及するとヒートアイランドを助長することも考えられる。

[注]
1）　国際自然保護連合，国連環境計画，世界自然保護基金　訳：世界自然保護基金日本委員会『かけがえのない地球を大切に──新・世界環境保全戦略』（1992年，小学館）3頁。
2）　環境と開発に関する世界委員会，監修：大来佐武郎『地球の未来を守るために Our Commom Future』（1987年，福武書店）6頁。
3）　2000年7月26日にニューヨークの国連本部で正式に発足。

4) グローバル・コンパクト・ネットワーク・ジャパンホームページ参照（アドレス：http://ungc-jn.org/gc/index.html【閲覧2018年5月】）。
5) 一般廃棄物回収時のゴミ袋を有料にしている市町村が多く存在しているが、地域によっては全く行っていないところもあり、国内の自治体行政の対処にムラが発生しており非常に非合理的な状況。
6) 米国の犯罪学者のジョージ・ケリングと政治学者のジェームズ・ウィルソンが、1982年に発表した理論で「一枚の割られた窓ガラスを放置すれば、それは他の窓ガラスをこわしてもかまわないというサインとなり、結果として他のすべての窓ガラスがわられてしまい、街全体が荒れて犯罪が多発する。」との仮定を前提に、街の治安回復には割れた窓ガラスを修繕し軽微な犯罪から取り締まり、失われた秩序の回復を図ることで犯罪の予防に繋がるとのもの（1990年代に殺人など重大な事件が多発していたニューヨーク市の治安回復に利用された）。
7) 自分の住む場所の近くの建設計画にのみ反対し、他の地域に建設された場合は廃棄物を普通に排出し行政サービスだけは受けると言った者を NIMBY（Not In My Backyard Syndrome：ニンビー）といい、自己中心的な人という意味を持つ。英国で言われたのがきっかけで全世界に広がった言葉。
8) 1998年3月に厚生省（現 厚生労働省）生活衛生局水道環境部長から各都道府県知事・政令市市長あてに通知された「一般廃棄物の溶融固化物の再生利用の実施の促進について」（平成10年3月26日付生衛発第508号）で、溶融固化技術（一般廃棄物の減量化）が普及。
9) 国土交通省 水管理・国土保全局 水資源部『日本の水資源 平成26年8月』（2014年）56頁参照。
10) 水質汚濁防止法、排水基準を定める省令別表第2備考。
11) パルプの原料である木材には、紙の成分であるセルロース（$(C_6H_{10}O_5)n$）と不要な20〜30％のリグニン（非繊維素有機成分：三次元網目構造をした高分子）（リグニンと樹脂成分、薬品が混合した液体は黒液という：セルロースとの容積比ほぼ同等）が含まれ、当初はリグニンなど有機成分が排出され公害の原因となっていたが、現在は高い熱量（重油の30〜50％）を利用して燃焼によるエネルギーとして活用。
12) 1968年の大統領選挙で民主党の副大統領候補に選出され、公害問題に積極的に取り組んだ、1980〜1981年国務長官。
13) 1975年までに排出ガス抑制技術を開発し、自動車排出ガスを10分に1にすることを目的とするものであったが、技術開発が追いつかずまたオイルショック（1973年、1979年）などの影響で規制緩和が行われたが実質的に機能したのは1980年。
14) 被害者の医療救済のために「公害に係る健康被害の救済に関する特別措置法（公害健康被害救済法）が1969年に制定され、1973年には公害健康被害補償法（1974年施行）に改正、1987年に現在の「公害健康被害の補償等に関する法律」に改正。
15) 六価クロムは、クロムの精錬、メッキの工程、クロムの化合物や合金の製造で使用され、長期間高濃度のものを吸入すると、鼻中隔せん孔を発生。毒性が強く、直接さわると皮膚炎を発症。
16) 米国ニューヨーク州ナイヤガラ・フォールズ市のラブカナル（運河）で発生した土壌汚染事件（当該運河には1940年から1952年までフッカー・ケミカル・アンド・プラスチック社によって、4,300トンの廃棄物が投棄されたことによって汚染が発生し、1977年に汚染地住宅街で有害物質の発生による被害者が確認された）。1978年と1980年にニューヨーク州の保健衛生局は周辺住民の避難を命令し、米国では国家的緊急事態として大きな問題となり、当時の米国大統領カーター（James Earl Carter）がこの事件を重要視しスーパーファンド法を制定。
17) 建築基準法第28条の二（居室内における化学物質の発散に対する衛生上の措置）が追加され、関連の施行令（建築基準法施行令第20条の四〜）も改正。
18) 無色、無臭で、一般環境中で安定性が高く毒性が低い、不燃性。
19) CFCがオゾン層で紫外線の作用により塩素原子を放出し、連鎖反応が発生しオゾン層を破壊する研究報告を、マリオ・ホセ・モリナとともに英国の科学誌『ネイチャー』に1974年に発表。この理論は1976年に米国科学アカデミーによって確認された。その後、米国では1978年スプレー噴霧剤などに使われるCFCsを規制。
20) 「オゾン層破壊物質に関するモントリオール議定書」によるHFCの生産消費量の削減スケジュー

ル。①先進国：2011-2013年を基準年として2019年から削減を開始し，2036年までに85％分を段階的に削減，②途上国第1グループ（中国・東南アジア・中南米・アフリカ諸国・島嶼国など）：2020-2022年を基準年として2024年に凍結し，2045年までに80％分を段階的に削減，③途上国第2グループ（インド・パキスタン・イラン・イラク・湾岸諸国）：2024-2026年を基準年として2028年に凍結し，2047年までに85％分を段階的に削減。

21) 植物が炭化する初期段階の状態は泥炭，さらに炭化作用が進むと褐炭。
22) OECDが1972年に勧告された「環境政策の国際経済面に関する指導原理」及び1974年の「汚染者負担原則の実施に関する理事会勧告」に基づく考え方。汚染の事前，事後対処による貿易の不均衡（国際的競争力の不公平）を防止することが目的。
23) 「絶滅のおそれのある野生動植物の種の国際取引に関する条約」の規制対象種は，付属書Ⅰとして，シロナガスクジラ，マッコウクジラ，ザトウクジラ，スナメリ，セミクジラ属全種，カマイルカ属全種など，付属書Ⅱ（利用と加工品規制）として，肉，油脂，歯，鯨ひげ，骨を規定。
24) IUCNのレッドリストでは，深刻な絶滅危惧種（Critically Endangered）としてコガシラネズミイルカ，ヨウスコウカワイルカがあげられ，絶滅危機種（Endangered）としてイワシクジラ，シロナガスクジラ，ナガスクジラ，セミクジラなど，脆弱な状態（Vulnerable）として，シロイルカ，ザトウクジラ，ネズミイルカ，マッコウクジラなど記載。クジラ目に属する海生ほ乳類の78種類が規制
25) 葉緑素はおもに赤色，紫色，青色の波長の光を吸収し，緑色の波長の光を反射。
26) 英国グレートブリテン島中部カンブリア州（アイリッシュ海から冷却水を供給）にあり，事故時はイギリス原子力公社（United Kingdom Atomic Energy Authority：UKAEA）が所有，その後セラフィールド原子炉と名称を変え，現在は廃炉。
27) 勝田悟『原子力の環境責任　サイエンスとエネルギー政策の展開』（中央経済社，2013年）85頁。
28) 経済産業省資源エネルギー庁『平成29年度エネルギー白書』（2018年）19〜20頁。

第Ⅱ部
ESGの事例研究

- Ⅱ-1　生活とインフラストラクチャー
- Ⅱ-2　材　料
- Ⅱ-3　観　光
- Ⅱ-4　金　融

人の生活は，無限の鉱物，エネルギー資源があるとの錯覚のもとで，多くのもの，サービスを得ることを幸福と信じて，（発展または滅亡）目標が定められ短時間で急激に人工物が大量に（整備または濫立）製造されてきた。しかし，資源の枯渇が現実性を帯びてきたこと，人の福祉に関した価値の変化などから，人の生活のあり方そのものが見直されている。

一方，環境変動は，ゆっくりとした速度で発生しており，地球内部や太陽からの降り注ぐエネルギーがわずかに変化するだけで，これまでに数億年，数千万年，数万年レンジで地球表面が大きく変わってきた。しかし，近年の変化は，自然のゆっくりとした変化ではなく，これまでの変化のレンジと比べると異常に速い速度で不可逆的に続いている。さらに，人類の科学技術の進展，生活の変化が極めて早いため，自分自身の周りにある自然の変化に気がつかない。約1万年前に発生した氷河期（氷期）には，現在の平均気温より約4〜5℃低かったとされている。南極と北極の周辺地域を覆う氷河が現在よりかなり広がって存在し，多くの人々および生物が生息地を奪われている。人工的に排出された二酸化炭素をはじめとする地球温暖化原因物質は地球を急速に暖めており，IPCC第5次報告書（2014年）では，現在のように温室効果ガスを排出し続けた場合，1986年から2005年の平均よりも今世紀末に地球の平均気温が約4.8℃も高くなると予想している。4.8℃高いと聞いても夏の暑さのしのぎ方を

改善された路面電車（ライトレールトランジット）

考える人も多く，人によっては「そんな先は自分は生きていないから」と無責任なことを言う人もいる。しかし，猛スピードで上昇する気温は，気候，海中に自然の巨大なエネルギーによって急激な変化を発生させることは容易に予想がつく。前述のIPCCの第5次報告書（2014年）では，1880年から2012年の132年間に地球の平均気温は，約0.85℃上昇したと示しており，今後80数年程度でさらに急激に上昇することとなる。

　大気中に二酸化炭素濃度が高くなっているのは，科学的に証明されていることであるが，地球温暖化については政治家をはじめ否定する者は多い。現在氷河時代であり氷河期に向かっていることも科学的に証明されている。ただ，この相反する変化のスピードが数十倍〜100倍異なることに最も大きな問題がある。いわゆる相乗効果で環境変化が発生するおそれもある。二酸化炭素の大気への増加で地球温暖化を発生させた例として，ペルム紀（2億数千万年前）にシベリアの火山活動で大気中の二酸化炭素濃度が増加した際に，地球温暖化を生じている。このときの地球の平均気温を23℃と予測している学説もあり，現在の約15℃よりも8℃高かったことになる。ただし，人為的な変化のように超スピードで変化したわけではない。

　地球温暖化について現状について述べたが，他の環境汚染，破壊に関しても科学的にはさまざまな意見があり，社会科学的にはその確からしい事実に基づいて対処していかなければならない。社会的な影響に関してはさらに慎重に，かつ速やかに対処していかなければならないだろう。第Ⅱ部では，具体的な社会的な動向について議論する。

Ⅱ-1　生活とインフラストラクチャー

Ⅱ-1-1　サプライチェーン管理

(1)国際的背景

　今までの環境はこれから変化していく。この変化を遅らせるための国際的な検討は，さまざまに行われているが，各国の思惑があり政治的には解決が困難であるのが現状である。「生物多様性の保全」，「有害廃棄物の国境を越える移動及びその処分」，「気候変動防止」などは国際的なコンセンサスは得られていない。

　特に世界で最も GDP が大きい米国は，これら環境対策を実施することによる自国の不利益を主張しネガティブな姿勢を続けている。「生物多様性条約（Convention on Biological Diversity）」では，途上国に多く存在する植物等生物が持つ遺伝子配列の知的財産権，「気候変動に関する国際連合枠組み条約（United Nations Framework Convention on Climate Change）」に関しては，「国連環境と開発に関する会議（United Nations Conference on Environment and Development）」で採択された「環境と開発に関するリオ宣言（The Rio Declaration on Environment and Development）」第7原則の「先進国と途上国の差異ある責任に基づく先進国に加えられた特別の責任（資金援助など）」，「有害廃棄物の国境を越える移動及びその処分の規制に関するバーゼル条約」に関しては，産業などから排出された「有害物質を含有する廃棄物輸出」の禁止は，米国をはじめ先進国にとっては負担になる。

　また，多くの先進国の企業が安価な労働力を求めて途上国へ進出したが，途上国の労働者などの人格権を侵害する対応などが問題となっている。1970年頃から先進国で厳しくなっていく環境法令の規制から逃れるため，途上国へ進出する世界各国の先進国企業も公害輸出と批難されることが多い。以前に世界銀行副総裁だったローレンス・ヘンリー・サマーズ（Lawrence Henry Summers）[1]が1991年に書いたサマーズメモには，「（公害が）貧困な地域へ移れば，

環境汚染による健康被害による死亡や傷害によって発生するコストは低下する。最貧国であれば低コストにできる。汚染が増大すればまだ増大していない国へ移動すればコストは低下する」といった非人道的な内容が示され，これが明らかになったことでグリーンピースなど環境 NGO など世界各国から抗議が相次いだ。なお，このサマーズは，ハーバード大学学長時に「女性研究者を蔑視した発言」をして2006年に辞任したが，米国オバマ政権時に安全保障，社会保障などの経済政策を立案する国家経済会議（National Economic Council：NEC）委員長も務めている（2009年～2010年）。理解しがたい人材活用である。政府内外の利害関係が極めて複雑に絡み合っており，国際的な環境，社会に関する方向性は見定めにくい状況といえよう。

(2) 中長期的視点

しかし，環境異変による影響を直接受ける企業は，死活問題に関わる事態となるため具体的な対処が進んでいる。また，労働者の人格権を保障する活動も進められており，社会的な責任として積極的に取り組んでいる。この傾向は，サプライチェーン全体に関して実施することが企業責任となりつつある。環境対策や社会活動は，啓発や善意に頼る時期は終わり，企業活動がステークホルダーから客観的評価され，特に発注元企業，投資家，融資者から厳しい審査が始まっている。環境保全を考え，労働者・工場周辺住民の基本的人権を配慮して製造された製品やサービスができない企業は，中長期的に見て将来性がなくなってきている。従来は，企業評価には，その説明責任（accountability）が要求され，財務面が詳細に評価されてきたが，近年では，中長期的な視点をもって，環境保全，社会福祉，ガバナンスなど非財務面も評価されるようになった。これには，2008年に発生したリーマンショックへの対処を考え英国で発表された「スチュワードシップ・コード」の考え方が反映されている。わが国政府からも日本版のスチュワードシップ・コードが公表されている。投資家の利益を確保するには，多くの視点からの評価が必要で，非財務の情報と財務情報を合わせた統合報告書も先進国を中心に公表されるようになっている。非財務報告項目として国際的に注目しているのは，国連が示した「持続可能な開

発のための目標（SDGsの17項目）」である。この目標と項目内容をガイドラインとし，明確なガバナンスのもと取り組みを進めることで，近年中期的経営に求められている合理的なESGとなると考えられる。

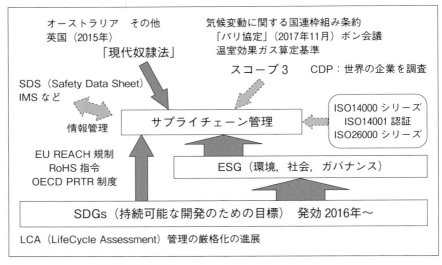

図Ⅱ－1－1　広がるサプライチェーンの管理

　日本では，「過労死」がかなり前より社会問題となっており，世界でも通じる数少ない日本語の1つになっている。相次ぐ過労死事件は後を絶たない上に，安価な賃金で働くしかない派遣労働，パワハラなどさまざまなハラスメントなどは解決すべき問題は山積みにあり，多くの職場に存在している。職場の人間関係の中から生じたり，仕事のクライアント（発注元）から受注者へ無理難題を命令され，受注側の労働者がひどい作業環境に陥ることもある。職場内で奴隷のように働かせている社員が問題になることもある。

　劣悪な環境で非常に安価に働かせることが問題になった例として，先進国の食品（コーヒー農場やパーム油農場など）や衣料（大手アパレル産業など），スポーツ用品メーカー，漁業（タイの漁船など）などがあげられる。英国では，外国より仕事を求めてやってきた（雇用紹介者が連れてくる場合が多い）者に，

渡航費，宿泊費，生活費を求め債務を負わし，その返済と称して奴隷のように働かせることが問題となった。英国ではこの対処のために「現代奴隷法（The Slavery Index：GSI）」が2015年に制定（2016年施行）している。年間売上高が3,600万ポンド以上の企業等が規制対象で，サプライチェーン管理，人身取引禁止が定められている。オーストラリアも具体的な法制定作業に入っており，EUを中心に法律による規制が広がりつつある。具体的な対策は，各企業で規制対象について年次報告をする説明責任をすることとなっており，わが国の複数の企業もすでに年次報告の対象となり報告を行っている。

　このほか，メーカーは調達する材料の調達まで遡った状況把握も必要となってきている。商品に使用される化学物質の種類とハザード，曝露の可能性について情報を公開するSDS（Safety Data Sheet）については，労働者，消費者のリスク管理ともなる。サプライチェーンから情報を収集し作っている世界の自動車メーカーのデータベース（International Material Data System：IMDS）は，すでに機能している。国際標準化機構（International Organization for Standardization：ISO）でもすでに整備すべき情報について規格を作っている。他方，前述の人道的配慮の観点から紛争地域の武装勢力などから鉱物の入手についても把握し，排除していかなければならない。サプライチェーン管理は，非常に複雑で大きなコストが必要なため中長期計画のものと進めていく必要があるだろう。

Ⅱ－1－2　衣料と食料

(1) エシカルファッション

　エコ，ロハス，エシカルといっても，その内容まで理解している人は少ない。「ロハス（lifestyles of health and sustainability：LOHAS）」[2]は，1998年に米国で提唱されて以来，世界的に広がった言葉である。本来の概念は，「健康や持続可能性に関して明確な意志を持ったライフスタイル」といったものであるが，その後，健康や環境に関わること全般に拡大している。ただし，「LOHASなビジネス」となると，自然エネルギー，省エネルギー，有機農作物，漢方薬，サプリメント（健康食品），粘土を使ったおもちゃ，安全性が高い化粧品など身近な商品まで対象となり，さらに環境団体等へ一部売り上げを寄付している商品，花粉症対策のマスク，日焼け止めクリーム，ぬいぐるみなどにまで次々と広がり，何をもってロハス商品というのか不明確になってきている。したがって，「環境に優しい」，「体に良い」といった抽象的な言葉が随所に使われるようになっている。ただし，天然素材を利用した，いわゆる再生可能な材料で作られた衣料を販売し，明確に石油系繊維を使用しない（カーボンニュートラルな）商品を販売する信頼性が高い業者，メーカーもある。

　経済格差から公平な取引が行われず，優越的立場の発注元が取引先，あるいは下請け業者に対して無理な要求をする場合がある。また，受注した経営者が従業員に非人道的な条件で働かせることもある。特に後発途上国の女性，子供が対象となることが多い。このようなことを防ぐために国際的にフェアトレードが注目されており，環境NGOによって認証システムも行われている。2013年にバングラデシュで発生した「ラナ・プラザ崩落事故」で劣悪な環境で働いていた多くの女性，子供が亡くなった事件をきっかけに，ファッション業界における生産段階での改善が検討されるようになった。問題となったのは，労働者の低賃金と劣悪な環境の改善，製造時に有害物質を回避する環境保護である。この活動は，労働問題，社会問題，環境問題に配慮した生産，販売をしている「エシカルファッション（Ethical Fashion）」として定着してきている。企業活動として以前より，フィランソロピー（Philanthropy：慈善）やメセナ

(mécénat：文化の擁護）活動も行われているが，「エシカル」が注目されたことで今まで配慮されてこなかった面にメスが入ったと言える。ファストファッションや安価な製品で拡大した企業もこの活動に参加していることから，衣料素材，リユース，リサイクル，有害物質の減量化または回避につながっていくと考えられる。

　倫理的活動への重視は広がり「エシカル（ethical）」は，「エシカルコンシューマー（ethical consumer）」を生み，「エシカルコンシューマリズム（ethical consumerism）」へと展開している。以前，英国ではじまり世界に広がった「グリーンコンシューマー（green consumer）」[3]を前進させたものともいえる。「エシカルジュエリー（ethical Jewelry）」，「エシカルインベストメント（ethical investment）」など概念が広がっている。2004年に世界各国の団体個人で作られた「エシカルファッションフォーラム（The Ethical Fashion Forum）」では，エシカルファッションを，オーガニックコットン，リサイクルコットンを使用した衣服，天然染料を使用して繊維を染色したもの，フェアトレードをしていることなどと定義している。

　ロハスで注目している，エコロジーやオーガニック（化学肥料・殺虫剤を用いない）な生活を重視した自然素材の製品など日用品全般（石けん，シャンプー，ハンカチ，食器，衣類，ベビー用品など）などと調整を図っていくことが合理的である。ESG 経営において今後の課題になる。

(2) 食　品

　食品に関しては，まず賞味期限・消費期限と品質管理が注目される。これまで偽装表示で消費者の信頼性を失い，倒産した会社，経営者が一掃された会社など数多くある。直接健康に関わるものであるので，ESG 経営にとって極めて重要な項目であるといえる。国際標準化機構では ISO22000 シリーズを発表しており，国際的なガイドラインと言える。わが国の食品衛生法では，HACCP（Hazard Analysis Critical Control Point System：危害分析・重点管理点方式）[4]を導入し，衛生管理規制を強化している。また，業界で自主的に衛生管理を行っている「AIB（International Standards for Inspection）フード

セーフティ監査および監査システム」などの例もある。また，高度な衛生管理を目的として食品業界では，食品製造日から賞味期限までを3分割し，製造日から3分の1の期間までに納品し，3分の2の期間までが販売期限とする「3分の1ルール」が慣習的に作られている。すなわち，製造日から納品期間，販売期間を過ぎたものは廃棄となる。この規制が厳しすぎることから食品廃棄物を減らすために再検討が行われている。

　環境配慮としては，まず無駄をなくすことが重要であり，「食品循環資源の再生利用等の促進に関する法律（食品リサイクル法）」で，食品廃棄物の減量化が図られている。食品廃棄物は，バイオマスエネルギーとしても利用でき，カーボンニュートラルな燃料である。一般廃棄物処理施設では，「電気事業者による再生可能エネルギー電気の調達に関する特別措置法」の売電対象燃料としている例がある。また，再生可能材料（再生可能プラスチック）としても開発が進められている。流通業界では，廃棄された生鮮食料品を収集し，発酵処理を行いバイオガスを生成してエネルギー利用をしているところもある。なお，コンビニエンスストアは照明などエネルギーを大量に使い，惣菜，弁当など短い消費期限の商品の食品廃棄物を大量に発生させている。省エネルギーや食品管理について検討を進め，店員の制服にリサイクルプラスチックによる繊維を利用したり，箸を竹にするなどさまざまな環境保全対策を行っている。

　ウナギや鯨などレッドデータの対象となっている天然に存在する生物も食品となっており，特に猟で採取されるものは絶滅のおそれがある。対して養殖，畜産などで人工的に飼育するものは，不自然な状況での成育であることから伝染病の予防で抗生物質の投与などが必要となる。人口の増加，肉類の消費の増加に対応するには人工的（工業的）な製造を行い供給体制を作らなければ需要を満たせない。この背景を踏まえて，人口増減も含めて食料供給計画を長期的に進めなければならない。

　他方，ファストフードに対して，自然で健康的な食事を提唱したスローフード（slow food）といった伝統的な食事の仕方を普及させる活動も行われている。「地元でとれるしっかりとした食材を使い，安全で安心な食事を楽しもう，健康的な食事を，食事を通じてゆとりのある生活を大切にしよう」との考え方に

基づいている。いわゆる地産地消に基づいた食事のあり方で，健康的であり，フードマイレージが減少することからエネルギー消費を抑えることができる。

　なお，有機農業は，化学肥料を用いず，農薬を使用しないことから，近代農業で問題となっている残留農薬や化学肥料使用によって生じる硝酸性窒素が土地を疲弊させるおそれがない。しかし，自然に存在する害虫が食品に付着していると，却って有害性が高くなる。また，大量生産ができないため生産性が低くなり，1つの農作物に対するコストが高くなる。したがって，値段が高くなることから購入できるものが限られ，人口が集中する都市への出荷が高くなりフードマイレージは高くなる。したがって，有機農作物を栽培し，スローフードが実現できれば環境保全となるが，遠くに有機農作物を食べたい人がいる場合，スローフードを提供するレストランへ遠くからお客がやってくる場合は，環境保全に役立つとは考えられない。農作物の栽培時に化石燃料を利用した温室を利用する場合は，さらにエネルギーを大量に消費し，環境負荷が大きくなる。

Ⅱ-1-3 生活と都市開発

(1)環境都市

　持続可能性を無視した都市開発は，バイオマスをはじめ自然を破壊し，持続可能な生活の場を作ることはできなかった。過去の文明も森林の喪失などで食糧供給ができなくなり滅亡している。現在の東京もきめ細やかに作られている物流が止まると都市機能は停止する。降雪などで交通が麻痺すると機能が急激に悪化する。災害時の対策も重要な問題である。

　他方日本では行政が中心となって，環境保全型の都市の構築を目的としてこれまでにエコシティ計画，エコポリス計画など都市計画の視点から取り組まれてきた。その都度政府による補助金が交付され，多くの地方公共団体でさまざまな開発が行われてきた。しかし，地方自治体が資金的援助なしで独立して機能する環境都市を構築することは非常に難しい。具体的に実施された方策としては，新たな交通システムの設置，再生可能エネルギー設備の利用，省エネルギー型の建築物の建設，環境教育活動の実施などが実施された。参考とされた都市は，ドイツ，スウェーデン，デンマークなど北欧の都市が多い。

図Ⅱ-1-2　ドイツのLRT（Light Rail Transit）システム

(2) コンパクトシティ

　わが国の「都市計画法」の基本理念には、「都市計画は、農林漁業との健全な調和を図りつつ、健康で文化的な都市生活及び機能的な都市活動を確保すべきこと並びにこのためには適正な制限のもとに土地の合理的な利用が図られるべきこと」（第2条）が謳われており、コンパクトシティの推進はこれと合致している。

　しかし、「大規模小売店舗立地法」で中小小売店を保護することを目的として都市中心部に大規模店舗が立地しにくくなったことで、車で気軽に訪れることができる郊外に大型ショッピングセンターが建設され、人の流れを変えてしまった。この傾向は地方都市で強く表れている。当該法律では、「小売業の健全な発達を図り、もって国民経済及び地域社会の健全な発展」（第1条）を目的としているが、社会動向を踏まえた対応が不十分だったため、都市のドーナツ化現象を加速させることになってしまった。この背景にある、モータリゼーション、トラックなどによる大量長距離輸送が進展したことが大きい。大型ショッピングセンターの中には、地域の購買力が低下すると次々移転するスクラップアンドビルドによる経営戦略を行っている企業もあり、地方都市は次々と人口が分散化している。その結果、エネルギー消費は増大し、排気ガス（NO_x, SO_x, PMなど）、地球温暖化原因物質（二酸化炭素）の排出は増加している。

　この傾向を逆行させ、人口を集中させ効率的な都市を目指しているのが、コンパクトシティである。東京など大都市への人口集中は究極のコンパクトシティである。送電、人の移動、ものの移動面においては非常に効率的であり、省エネルギーが達成されている。ただし、地方都市においては、ドーナツ化現象となった中心市街地の活性化を期待しており、モータリゼーションの利便性に基づき作られた都市で、再度公共交通機関（大量輸送機関）を導入することは極めて困難である。

　したがって、短期的な計画なもとで地方都市におけるコンパクトシティを考えるのではなく、年齢人口構成の変化（高齢者の移動）、化石燃料の枯渇、将来の電気を中心とした社会への変化などを考え、中長期的に進めていかなけれ

ばならない。たとえば、富山市で導入している次世代路面電車であるLRV（Light Rail Vehicle）を利用したLRT（Light Rail Transit）では、現在の利便性を向上させるために、バスとの乗り換えも容易にし運行本数を増やすなど交通システムのサービスの向上を行っている。自家用車の利便性に対抗するには、現状では、生活域を小さくするのではなく、移動時間を短くすることが重要である。化石燃料の枯渇が近づいてくると、燃料電池車など普及し自動車のあり方も変化してくる可能性があるだろう。地方都市で自動車による移動が不可能になった場合、その存続自体が危うくなる可能性がある。

図Ⅱ－1－3　LRTとバスのアクセス（富山市）

　一方、「中心市街地の活性化に関する法律」では、「近年における急速な少子高齢化の進展、消費生活の変化等の社会経済情勢の変化に対応して、中心市街地における都市機能の増進および経済活力の向上（中心市街地の活性化）を総合的かつ一体的に推進する」ことを目的として都市政策を展開させ、「都市再生特別措置法」では「近年における急速な情報化、国際化、少子高齢化等の社会経済情勢の変化に我が国の都市が十分対応できたものとなっていないこと」を問題として、「情勢の変化に対応した都市機能の高度化及び都市の居住環境の向上（都市の再生）を図り、併せて都市の防災に関する機能を確保する」ことを定めている。これら法律で謳っている「少子高齢化」に関しては、これま

での都市開発で東京周辺の都市で「持続可能性」に失敗しており，これからは中長期的な視点で政策を実施していかなければ，失敗を繰り返していく。

SDGsの目標11に「包括的で安全かつ強靱（レジリエント）で持続可能な都市及び人の居住を実現する（Make cities and human settlements inclusive, safe, resilient and sustainable)」が定められ，そのターゲットの１つに「面積にして地球の陸地部分のわずか２％にすぎない都市は，エネルギー消費の60～80％，炭素排出量の75％を占めている。急速な都市化は，真水供給や下水，生活環境，公衆衛生に圧力を加えている。しかし，都市の稠密性（人や家が集中していること）は，効率性を高め，技術革新をもたらしながら，資源とエネルギーの消費を低減する可能性もある。」と示されており，コンパクトシティの可能性が示されている。したがって，コンパクトシティにおける徒歩，自転車による移動，省エネルギーに配慮した大量輸送交通手段の整備を組み合わせた将来あるべき都市のあり方を検討していく必要がある。

(3)エコカー

オイルショック後，自動車製造においては，ダウンサイジング（軽量化），前輪駆動（軽量化，駆動伝達損失減少，車室の拡大：輸送量増大）による省エネルギー自動車の技術開発が推進されている。

近年では，エコカーといった抽象的な概念で，環境適応車の普及が図られている。化石燃料を利用する自動車は，移動の際に何らかの環境汚染物質を発生させるため，エコカーの定義から外れる。しかし，電気自動車は，供給される電気が火力発電所などで発電されていると環境に負荷を与えている。燃料電池車も水素を生成するときに天然ガス（メタン：CH_4）から水素を分離していると，分離された炭素が二酸化炭素（地球温暖化原因物質）となる。そもそも火力発電所の燃料または燃料電池の水素源に，天然ガスあるいは石油，石油ガス，石炭などを使用していた場合，自動車が移動する前に環境汚染していることとなる。再生可能エネルギーによる発電で電気を供給，または電気分解をして水素を供給しても，再生可能エネルギー設備の建設・建設地の自然喪失，メンテナンスに環境負荷を生じているため環境負荷をかけている。

したがって，自動車の燃料調達には何らかの環境負荷を必ず発生していることとなり，容易にエコカーといった言葉は使えない。燃料についてLCAを行い，環境負荷の大きさをよく分析する必要があるだろう。現在の自動車は，移動に使っている人間よりもかなり重く，1人で乗る場合は20数倍以上の重さがあるため，人が動いているのではなく鉄を中心とした物体が移動していると考えたほうがよい。すなわち，燃費をよくして省エネルギー性能を高めることが最も環境負荷を減らすことになる。

また，自動車そのものも材料の集合体であるので，資源とそのエコリュックサック（副産物）なども含めた環境負荷もLCA分析しなければならない。自動車は移動の際に発生する騒音や振動についても公害としての環境負荷を考えなければならない。

エコカーの定義は，極めて不明確であり，総合的な検討による比較が必要である。

(4) シェアリング・エコノミー

新たな環境負荷を減少させるビジネスとしてシェアリング・エコノミー（sharing economy）がある。サービス，もの，空間を複数の人で共有して利用するもので資源生産性が高まる。

具体的には，個人所有の住居の空き部屋などを他人に貸し出し（以前よりルームシェアは行われている），自家用車を利用した配車サービス（ライドシェアリング：個人タクシーのようなサービス），乗り合いタクシー，広域でのレンタサイクル（バイクシェア）などがあり，インターネット，携帯通信機器などを使い効率的なアクセスができることで広がったと考えられる。

レンタサイクルは，以前より行われてきたが，電気通信を使い利用しやすくなったことで世界的に拡大している。フランス（Velib）で広がり，米国（Citi Bike），カナダ（BIXI），中国（モバイク［イタリア，英国，シンガポール，日本へも進出］）と普及し，日本でも普及し始めている。経済産業省など日本政府もシェアリング・エコノミーに注目しており，空間（駐車場，会議室），スキル（家事代行，介護など），クラウドファンディング，カーシェアなどへ

の拡大を期待している。「ものの所有」から「サービスを得る」時代への変化していると思われる。すでに，自動車は，所有より，リース，レンタカーでサービスを得たいときだけ使うといった考え方が広がりつつある。そもそもアパートや貸しマンションなど，不動産に関してはサービスだけ得る習慣はすでに広がっている。なお，日本人はまだ集団住宅に関するトラブルが多く今後の課題だろう。

注

1) 1991年から1993年に世界銀行上級副総裁（チーフエコノミスト），米国クリントン政権時1995年から1999年財務副長官，1999年から2001年に財務長官，その後2001年からハーバード大学学長を務め，2006年に女性が統計的にみて数学と科学の最高レベルでの研究に適していないとの女性蔑視の発言がきっかけとなり学長を辞任，2009年にオバマ政権の国家経済会議（National Economic Council：NEC）委員長に就任，2010年に辞任。
2) 米国の社会学者ポール・レイ（Paul Ray）と心理学者シェリー・アンダーソン（Sherry Anderson）が1998年に提唱。
3) 英国でジョン・エルキントンとジュリア・ヘインズの共著『グリーン・コンシューマー・ガイド（The Green Consumer Guide）』が1988年に出版され世界に拡大。
4) 1989年に米国食品微生物基準諮問委員会によって開発され，1993年にFAO/WHOが，「Guideline for the Application of the HACCP」を発表。

II-2 材　料

II-2-1　調達から廃棄

(1) LCA

　商品は，多くの材料の集合体であり，材料は複数の国の鉱物から精製され，さまざまな部品へと加工され商品の一部となる。その流れの中でサプライチェーンが作られ，数多くの物質が移動することとなる。以前は，部品など注文の発注の際に性能のみが問われ，国際取引を円滑にするために国際標準化機構（ISO）の規格を設定し，その番号で国際的な統一がなされていた。日本では，日本工業規格（Japanese Industrial Standard：JIS）がこの規格に対応している（番号は異なることが多い）。1996年に品質管理から独立し，環境規格ISO14000シリーズが作られ始めてから，設計，製造工程，表示，LCAなど環境配慮も仕様書に書かれるようになり，商品およびサービスの生産に環境保全のコンセプトが加わり，具体的な製造方法も変化した。

　しかし，日本でLCAが行われるのは，資源または材料，あるいは部品が輸入した後の移動，生産工程，処理処分（リユース，リサイクルを含む）の部分であり，資源採取や海運または空輸部分は含まれていないことが多い。海外のサプライチェーンの動向を把握するのは極めて難しい。以前，日本メーカーが日本および複数の国で生産した製品をEUの国に出荷した際に，有害物質の含有を理由に水際で輸入拒否されたことがある。このときは約200億円の損害を生じた。その後，日本メーカーは海外のサプライヤー管理を厳格にしている。いわゆるこのグリーン調達の基準は，新たなハードおよびソフトローが作成されるたびに厳しくなっている。

(2) 資源調達

　他方，資源調達面の社会的責任も視点が広がっている。第Ⅰ部Ⅰ-1-3環境監視(2)③「社会状況モニタリング」で述べたように，米国の「紛争鉱物開

示規制」(2010年制定「ドッド・フランク法」第1502条)は，紛争地域の武装勢力の資金源となっている鉱物輸出を絶つことを目的として施行されている。紛争地域では多くの何の罪もない子供も含む人たちが殺害され，極めて非人道的な行為も行われている。一刻も早く対処しなければならない状況である。企業が作る商品の材料は，鉱物からいったん鋼材や部品になってしまうと，原産地に関係なく性能だけが問われる。材料の原料となっている鉱物の入手について，サプライチェーンも含めて確認することは非常に困難を要する。新たな調査コストも生じるため，不必要なコストであるとする者もいる。しかし，それは大きな間違いであり，社会的コストを支払わないESGを無視した短絡的な見方である。公害を引き起こしていても環境コストを支払わないで利益を得ていたエコダンピングと同じであり，汚染者負担の原則を無視した国際競争力を得た安価な商品は貿易の不均衡を招く。米国で上場している会社(世界で一定規模以上の売上があるところ)は，鉱物の入手先を調査し，米国証券取引委員会(SEC)に報告書を提出しなければならない。本規制がなくても，企業の社会的な責任として商品原料のサプライチェーンを含めた入手先の確認はガバナンスの一環として重要であり，世界のすべての企業が行わなければならないことである[1]。

(3) 生 産

製造段階においては，わが国では公害の再発防止の観点から排出規制が厳格に行われている。さらにPRTR制度である「特定化学物質の環境への排出量の把握等及び管理の改善の促進に関する法律」で政府が指定した多くの化学物質について企業が自主的に放出量の届け出を行い，環境中での存在量を把握する法システムが作られている。化学物質のSDSに関する十分な情報があればハザードが確認できることから，環境リスク(＝ハザード×曝露量)が可能となる。一般公衆も環境省のホームページからSDS情報(現状で確認できる情報のみが整備されている)および手続きを踏めば個別事業所の各化学物質の排出量を知ることができる。いわゆる環境リスクに関する「知る権利」が確保されている。しかし，この法システムで身近な生活に関するリスクを確認するに

は，化学的知識，統計学および行政手続きに関する知識が必要となり，一般公衆には容易に理解することは困難である。CSR レポートでの工夫が必要だろう。すでに CSR レポートに関しては格差が生じており，よいレポートをランキングするよりは，わかりにくいものなどワーストランキングを公表するべきであろう。たとえば，投資先から外す重要な評価手法となるだろう。ステークホルダーを重んじ，ESG の理解を得られない企業に持続可能性はない。

(4) 廃　棄

　工場から排出される廃棄物や使用済商品の処理処分に関しては，資源循環に最も重要な視点である。廃棄物も化学物質であるので，何らかの方法が見つかれば新たな商品へ生まれ変わらせることができる。リユース，リサイクルはその手法であり，多くの企業でブレークスルーが生まれている。特に食品残渣は，健康サプリメントの製造や発酵し燃料となるメタンガスを生成できたりと再生用途開発が進んでいる。最終手段であるサーマルリサイクルは，熱または発電として積極的に利用され，残渣も溶融処理など無害化技術の発展で路盤材などへの利用が進んでいる。このような企業努力は一部であり，多くの廃棄物は邪魔なもの，無駄なコストを生むものとして不法投棄は後を絶たない。一般公衆も，たばこの吸い殻，レジ袋，ストロー，容器など使い捨てプラスチック類，空き缶など，道路や公園，側溝などに気軽に不法投棄する者が少なくない。電車，バスなどで当たり前のように（あるいは悪質に）割り込みなど自己中心的なことをする者がなくならないように，コモンズ（共有地，共有空間など）を理解できない社会性（協調性）がない人のために秩序が失われる。そして一部の人のために多くの人に不利益が生まれる。いたずらや駆け込みで交通機関が遅れると，1人のわがままのために莫大な人が損失を被ることとなる。廃棄物の不法投棄は全く同じ現象である。

　日本は，処理処分ができない（またはコストをかけたくない）廃棄物を，1990年代より資源として中国をはじめ多くの国に輸出してきた。中には「有害廃棄物の国境を越える移動及びその処分の規制に関するバーゼル条約（Basel Convention on the Control of Transboundary Movements of Hazardous

Wastes and their Disposal：以下，バーゼル条約とする）」に抵触するような有害物質も違法に輸出している。そして，日本からの多くの廃棄物を資源として受け入れてきた中国に大きな変化あった。全国人民代表者会議（以下，全人代とする）で示された13次5カ年計画に基づき，国家主席を委員長とする委員会で2016年から輸入ゴミの規制強化，廃棄物資源の輸入制限規制の具体的な検討が始まった。2017年から段階的に輸入規制がはじまり，2019年には工場から排出される廃棄物も対象となる。対象物もプラスチック，鉄，銅など金属，鉛，カドミウムなどを含むスクラップなどへと拡大する。以前より中国政府が公表していたように，2020年には国内からの廃棄物のみでマテリアルリサイクル資源を賄い，海外からの廃棄物輸入はなくする方針である。

図Ⅱ-2-1　以前中国で行われていた廃棄物分離（手作業による電線の被覆材の分離）（他の国へ移りつつある）

中国は，1991年にバーゼル条約に批准し，2001年WTO（World Trade Organization：世界貿易機関）に加盟したことで廃棄物輸入に関して国際的な秩序を遵守している[2]。日本で「容器包装に係る分別収集及び再商品化の促進等に関する法律（容器包装リサイクル法）」が施行されてからは，ペットボトルをはじめ多くの使用済容器，「特定家庭用機器再商品化法（家電リサイクル法）」

が施行されてからは，大量の廃家電が中国へ資源として日本から輸出されるようになった。特に，廃家電には有害物質が混入しているバーゼル条約違反に該当するものも多く輸出された。この対処として中国では，廃棄物資源として輸入する際の規制を強化した。特に鉛および油等を含むものについて監視を強化している。さらに家電等有害物質を含有しているものに対して，2002年に国家環境保護総局，税関，対外貿易経済協力省連盟の通達で輸入を禁止している。ただし，マテリアルリサイクル業者を直接指導しているのは，地方の環境保護関連部門であり政府が国内の状況を十分に把握しているとは限らない。

　その後，急激に経済発展が進み，これからは国内から大量の廃棄物が発生するため，わざわざ外国から資源にするための廃棄物を輸入しなくてもよい。中国国内のマテリアルリサイクル産業の育成は計画に行われており，政府はリサイクル重点地域を指定（天津市，上海市，江蘇省太倉市，浙江省［比較的小規模な工場が集中］，広東省南海市，その他：福建省小璋州）し，日本も含め海外から進出して来たリサイクル業者はすべてこの地区に集められている。これにより処理システムの大規模化を進め技術レベルの向上と資源供給市場の安定化を進めた。この地域でマテリアルリサイクルされた資源は，外国への輸出は禁止されており国内への資源供給システムを作り上げている。いわゆる都市鉱山の効率的な活用システムが構築されていることとなる。中国政府は，今後中国国内からの廃棄物資源の回収目標を上げリサイクル産業を強化していく。

　日本では「専ら物（もっぱらもつ）」とされ，国内でのマテリアルリサイクルが進んでいた古紙は，大量に中国に資源として買い取られていたが，現在ではその傾向はなくなり，国内で処理しきれなくなっている。その対処として，ベトナム，台湾（中国に輸出される以前は大量に処理委託していた），韓国，インド，インドネシアへの輸出へ振り返られている。この傾向は他の廃棄物にも広がりつつあり，国内に処理しきれない廃棄物が溢れかえるおそれがある。最も注意すべきは不法投棄であろう。一般廃棄物を中国に大量に輸出していた処理処分主体の行政（市町村）は，収入減と同時に新たなコストが生じる。産業廃棄物は，事業者が資源として輸出していた廃棄物が，処理処分管理が新たに必要となり，環境コストの増大は避けられない。処理処分技術の向上，回収

から処理処分のシステムの再検討が必要である。近い将来発生する危機的状態のブレークスルーを考えなければならなくなる。企業は，行き場がなくなった廃棄物の処理処分のESGを踏まえて事前に対処していく必要がある。

Ⅱ−2−2　資源循環

⑴拡大した生産者の責任

　資源消費が拡大する中，資源を効率的に使用する検討も行われている。人が，もの，サービスを我慢し，消費を抑えることは極めて難しい。したがって，現在の状況（サービス量）をなるべく保って資源の消費を減少する必要がある。これまで人の欲望に基づいて莫大な資源消費が行われた結果，地球内部から地表になかった化学物質が膨大に放出され，環境問題が発生している。消費されている資源は，地球の歴史の中で生成されたもので，人工的な環境の変化が地球の気候などを極めて不安定にしている。

　同時に資源枯渇も問題視されており，現在人類が手にしている「もの」と「サービス」の提供を継続していくことは困難になる。人類は，資源不足になることに高い懸念を抱いており，新たな資源の開発，または資源の延命化を進めている。ただし，さらに地下深くの新たな化学物質を地上に拡散させると，予見しなかった環境破壊リスクを発生させる可能性が生まれる。

　資源消費延命化の対処としては，使用済商品のリユース，リサイクル，長寿命化といった方法があり，単位資源量当たりのサービス量を増加させることになる。また，製品の省資源開発（機能の向上）も経営戦略の一環として行われている。省資源化は廃棄物の減量化にもなり，拡大生産者責任（Extended Producer Responsibility：EPR）の面からも有効に機能する。

　処理の優先順は，①減量化，②リユース，③マテリアルリサイクル（material recycle），④サーマルリサイクル（thermal recycle），⑤適正処理処分となり，マテリアルリサイクルには，化学的に原料として利用する際にはケミカルリサイクル（chemical recycle）とされる場合もある。リユースできないものは，優先的にマテリアルリサイクルすることとなるが，元の製品と同じ成分，性能にする水平リサイクルを行うことは困難である。ペットボトルの主成分であるポリエチレンテレフタレート（Polyethyleneterephthalate）は高い存在率であることからPET TO PETが複数の企業で取り組まれたが，現在が限られた企業のみで行われている。ほとんどが，マテリアルリサイクルする際に不純物を

含んでしまうためカスケードリサイクルされ，その純度に応じた商品に転換することが多い。発想の転換で全く別の製品を開発する場合もある。OECDの勧告もあり，製造者の拡大生産者責任が国際的に進められている。基本的には強制力がある各種リサイクルに関した法令の規制に従い行われている。ただし，「容器包装に係る分別収集及び再商品化の促進等に関する法律」は，包装材利用者が行うこととなっており，販売店と化学メーカーが協力してリサイクルが行われることもある。他方，エシカルファッションをはじめ，企業の社会的な責任からリユース，リサイクルが進められている。リユースに関しては，中古品を途上国へ寄付するなど行為も行われている。

一般公衆は，使い捨て商品の便利さ（サービス）を日常的に得ているため，これからリユース品を一般的に使い，リサイクルのために回収に協力することを習慣づけられるか難しい面がある。日本のレストランでは，お皿，スプーン，ナイフ，フォークおよび箸はリユースされているが，ペットボトルをリユースすることに抵抗を感じる人が多い。また，箸も割り箸を選択する者も多い。デンマークでは，ペットボトルのリユース（使用済ペットボトルの再利用）は一般的に行われている。国によって，または文化の違いによって「もの」または「サービス」に対する考え方は異なっている。

また，わが国の住宅は木造が多く，地震が少なく建材に石やレンガを使用している欧米と比べ寿命は非常に短く，廃棄となる建材が多量に発生する。建材の中には，サーマルリサイクルとしてバイオマス発電に使用できる廃材，ステンレス，導線など材料としてマテリアルリサイクルできるものなど資源循環できるものが複数含まれている。基本的には，長寿命性を持った住宅のほうが環境負荷は少なくなるが，日本における寿命の短い住宅の特性から効率的なリサイクルシステムを構築する必要がある。また，今後人口減少，都市への人口集中から各地に空き家が増加していることから，リユース（中古利用）も今後の課題である。

一方，原子力発電（核分裂）で発生する使用済燃料（プルトニウム含有）は，原子力発電所で再利用を図るプルサーマルも，プルトニウムを原料とする高速増殖炉も運転されない場合，利用価値がない。さらに高レベル放射性廃棄物と

して最低4万年程度管理貯蔵しなければならない。資源循環は現状では不可能である。原子核を人工的に改変させるなど処分技術の開発が必要となる。核物質は巨大なエネルギーを持っているため，何らかの再利用についてブレークスルーは困難であるが期待したい。

(2) 環境設計

商品の環境保全を図る場合，設計段階から消費，廃棄段階のことを考慮できれば非常に合理的な対処が可能となる。ただし，基礎的情報として個々の商品に関したLCAデータが必要となる。しかし，十分なデータが整備されておらず，情報不足の中で既存にあるデータと予測に基づいて検討を進めなければならない。さらに，サプライチェーンの理解と協力を必要とする場合が多く，協力会社にLCAの重要性を伝えなければならない。

このように環境に配慮した設計は，環境設計，環境デザイン（Design for Environment：DfE），あるいはエコデザインと呼ばれることもある。国際標準化機構では，環境規格（ISO14000シリーズ）としてISO14062に環境適合設計（DfE：Design for Environment）が定めており，国際的に共通のソフトローとなっている。LCAもISO14040に定められており，ともにシューハートサイクル[3]の計画時に検討される。

長寿命，省資源，省エネルギーを目的として材料開発も進んでおり，ナノレベル（原子レベル）の操作を行い新たな材料も開発されている。一般的にはナノテクノロジーといわれる微小操作技術で，すでに開発が進んでいる。カーボンナノチューブ（carbon nanotube）という物質は，炭素原子が六角格子状（六員環の格子）に配置・結合したもので強度が鉄よりもはるかに高く軽いといった力学的特性を持ち，優れた電気的特性もある。また，フラーレン（fullerene）という炭素で構成される物質は，炭，ダイヤモンド，グラファイトの同素体で，管状のフラーレンに金属原子を入れると金属芯に被服をしたような構造となり，絶縁体の電線となる。また，カリウム（K）などの物質を入れると低温超伝導現象を示す。タリウム（Tl）とルビジウムイオン（Rb ion）を取り込んだフラーレンは－228℃で超伝導の性質となる。また，構造物の強

度高め,軽量にする有機質の材料として,CFRP(Carbon Fiber Reinforced Plastics)やCNF(Cellulose Nanofiber)が開発されており,飛行機や自動車に使用することで長寿命化,軽量化を実現させ省エネルギー,資源生産性を高めている。LCAに基づくLCCを行えば,コストパフォーマンスが高いことが証明される。企業戦略上,グリーンマーケティングの重要性を高めている。

図Ⅱ-2-2　水をはじく無数の小さな突起物がある蓮の葉

他方,バイオミメティクス(biomimetics),またはバイオミミクリー(biomimicry)と呼ばれる生物機能を利用した設計で,省エネルギー,環境問題の解決策も行われている。具体例としては,蜂の巣状にした形(六角形の穴を複数組み合わせた形)を模倣したハニカム構造(honeycomb structure)は,構造物の強度を高めたため軽量材料を実現し金属製品,段ボールなどに使われている。約5億1,000万年前から海に生息しているオウム貝の形態を参考にして静かな音の扇風機のファンが考え出され騒音が軽減された。また,水圧が海面の数十倍になる水深約600mで生息できる生体の構造(殻)は潜水艦の設計に活かされている。カワセミのすばやく静かに餌を捕獲するために空気抵抗を抑えたくちばしやフクロウの羽の形状は,高速走行する新幹線の先頭車両に応用され,空気抵抗を減少させることができ,スピードアップに貢献し省エネル

ギーも実現した。さらに無駄なエネルギーを削減したことで騒音も防止することができた。植物では，蓮の葉にある水をはじく無数の小さな突起からアイディアを得て，撥水加工技術が生まれている。蓮の大きな葉に水が溜まると茎や葉が痛み，夏の昼間には高温になり枯れてしまうおそれがあるため，水をはじくことでリスクを回避している。

このような生物の機能は，遺伝子によって受け継がれた知的財産である。生物多様性条約では，その財産権をその生息地の国にあることを定め，「遺伝資源へのアクセスと利益配分（ABS：Access and Benefit-Sharing）」として規制している。自然の生物の遺伝子について人が勝手に経済的価値をつけて所有権まで設定するのは疑問を感じる。しかし，知的財産権を確保し，先端技術のインセンティブを損なわないようにする手法であり，ESG経営にとっては重要な視点である。

注

1) EUでも2016年に「紛争鉱物規制法」（EU法：regulation）が採択され，計画通り立法手続きが順調に進めば，2021年1月1日に施行。鉱物購入の事前調査を義務づけなど検討中。
2) 輸入廃棄物の規制は，「固体廃棄物汚染環境防治法」（1995年施行）に基づき1996年に国家環境保護総局等5つの関連官庁共同で作成した「廃棄物輸入の環境保護管理臨時規定」（1996年施行）で定められ，国家環境保護総局が所管。
3) PDCAサイクル（Plan-Do-Check-Act）で知られており，「計画立案→実行→チェック→再確認後次なる行動」を示し常に向上していくためのシステム。

Ⅱ-3 観　光

Ⅱ-3-1　持続可能な観光

(1)世界遺産と国立公園

　世界遺産は,「世界の文化遺産および自然遺産の保護に関する条約（Convention Concerning the Protection of the World Cultural and Natural Heritage：以下,世界遺産条約とする）」（1972年採択）に基づいて,すぐれた価値を持つ地形や生物,景観などを有する地域が登録されている自然遺産,すぐれた普遍的価値を持つ建築物や遺産などが登録されている文化遺産,文化（人が精神的,心情的に持っているものを含む）と自然の両方の要素を兼ね備えている複合遺産の3種類に分類されている。自然遺産は自然が作り出した知的財産で,文化遺産は人が作り出した知的財産である。この条約を運営しているのは,国連が設立したユネスコ（United Nations Educational, Scientific and Cultural Organization：UNESCO）である。日本の世界遺産は政府が推薦するシステムとなっており,文化財保護法や自然環境保全法,自然公園法など国内法で保護されていることが条件となっている。世界遺産条約の各加盟国から推薦された文

図Ⅱ-3-1　ルーブル美術館（フランス）
　　　　　（フランスの世界遺産である「パリのセーヌ河岸」に包括登録されている）

化遺産・自然遺産は，世界遺産委員会で審査され，リストに登録すべき遺産を年1回開催される「世界遺産会議」で決定している。自然遺産については「世界自然保護連合（IUCN）」（環境NGO），文化遺産については「国際記念物遺跡会議（ICOMOS）」が専門機関としての審査に助言を行っている。

自然を公的に保護するシステムは米国から始まっている。19世紀末に米国のジョン・ミューア（John Muir：探検家，作家，政治家）[1]が，国立公園の設立とその自然の保護を提唱し，セオドア・ルーズベルト（Theodore Roosevelt）大統領に約6,000万haにおよぶ森林保護区を制定させたのがはじまりである。この国立公園は，1872年に米国のモンタナ州，ワイオミング州，アイダホ州にまたがるイエローストーン国立公園である。わが国は，1934年に瀬戸内海，雲仙，霧島が最初の国立公園として指定されている。この考え方は，18世紀に英国で詩人ワーズワースが故郷について書いた書物の中で，「うつくしい自然をある種の国有財産」にするべきと記述しており，16世紀にコモンズが発祥した地である英国ではこの発想はすでに存在していたとも思われる。

米国の国立公園には，インタープリターと呼ばれる自然および文化，歴史などをわかりやすく人々に伝える案内人がおり，訪れた人へ，ガイドとは異なり単に対象に関する知識を伝達するだけではなく，その背景にあるメッセージや解釈の仕方なども説明している。インタープリテーションは，1920年代から米国の国立公園で利用者のサービスのひとつとして行われる自然を解説する活動であったが，現在では公園や博物館等でも展開されている。わが国では企業のCSR活動として自然学校を開いたり，インタープリターの養成も行われている。

(2) エコツアー

自然を案内するツアーは，1960年代に中米で行われていたネイチャーツアー（nature tour）が最初といわれており，「各地域の生態系を訪ねるツアー」などを行っていた。その後，「ecology」と「tourism」の合成語であるエコツーリズムとなり，そしてエコツアーという言葉も生まれている。1983年に世界観光機構（World Tourism Organization；WTO）と国連環境計画（UNEP）が「持続可能な開発」の概念に基づいた「観光と環境に関する共同宣言」に署名

している。1985年には「第6回世界観光機関総会」で「観光と資源保全」について検討している。1992年には，世界自然保護連合（IUCN）と国連環境計画（UNEP）の協力により「ガイドライン―観光を目的とした国立公園と保護地域の開発―」が発表されている。世界遺産に登録されると，国際的なステータスを得ることとなり，急激に観光客が急激に増加する。地域活性化に貢献し，遺産保護の収益を得ることも可能となる。

図Ⅱ－3－2　エコツアーの例（カヌーによる自然体験：マングローブ観察）

しかし自然遺産は多くの観光客が訪れたことで自然が破壊されたり，文化遺産は落書きなど心ない人たちのため破損したり，紛争地帯では武装勢力によって破壊されたりと知的財産が人によって破壊されている。これでは知的財産の保護ではなく，消滅していることとなり本末転倒となるため注意を要する。世界自然遺産では，自然保護のために貴重な植物種などに近づけないように柵を設け，入場制限などが行われている。また，日本は国土が狭いことから世界遺産や国立公園が約4割が私有地となっており，人の居住地となっている場合が多い。観光客の増加が近隣住民に迷惑をかけないように配慮する必要もある。

世界遺産条約では，「締約国は，文化及び自然の遺産で自国の領域内に存在

するものを認定し，保護し，保存し，整備活用し及びきたるべき世代へ伝承することを確保することが本来自国に課された義務であることを認識する。このため，締約国は，自国の有するすべての能力を用いて，また，適当な場合には，取得しうる限りの国際的な援助及び協力，特に，財政上，美術上，科学上及び技術上の援助及び協力を得て，最善を尽くすものとする。」(第4条)と「文化遺産及び自然遺産の自国及び国際的保護」を定めている。

　他方，世界遺産と同様に国際的なステータスとなる「世界農業遺産」認定制度も国際機関によって作られている。この遺産は，国連食糧農業機関（Food and Agriculture Organization of the United Nations：FAO）が2002年から始めた世界重要農業資産システム（Globally Important Agricultural Heritage Systems：GIAHS）に基づき認定されている。認定の基準は，「農業における伝統的な農法や生物多様性などが保護された土地利用のシステムを次世代に継承していること」となっている。わが国も複数の地域が認定されており，里山，里海などコモンズの保全活動と関連づけて進められている。石川県能登地方の千枚田など農業や塩田，地域の漁業，新潟県佐渡で生息している特別天然記念物の朱鷺と里山など観光資源としても注目されている。

　また，わが国独自のシステムとして情報発信を目的としている「日本遺産（Japan Heritage）」がある。この遺産は，魅力あふれる有形や無形のさまざまな文化財群を，地域が主体となって総合的に整備・活用し，国内だけでなく海外へも戦略的に情報発信することで地域活性化も図っている。年1回申請された「地域の歴史的魅力や特色を通じて我が国の文化・伝統を語るストーリー」に対して文化庁が審査し認定している。地方公共団体の観光事業の一環として取り組まれている。

Ⅱ-3-2　リゾート地

(1)役　割

　世界各地にリゾート地があり，多くの旅行者を集めている。富裕層が集う象徴となっているところも少なくない。また，忙しいという言葉が一般的になってしまった現実から離れ，スローライフを楽しむことや精神的休養（または保養，気分転換）の場となっている。暑い夏の避暑地，マリンスポーツ・ウインタースポーツを楽しむ場所，雄大な自然を観光する行楽地，日本では四季の変化を楽しむ場所としても存在している。スポーツを楽しむもの，知的財産を楽しむものとさまざまにあるが，貧富の格差は，リゾート地を楽しめるものを分けてしまっている。人が生きるために，どの程度リゾート地が必要性か，または無駄か答えを出すのは難しい。

　国際条約を検討するための国際会議や学術的な議論をする学会は，リゾート地で開催されることが多く，大型ホテルには会議場が設置されていることが多い。環境NGOには，環境保全の検討をするために「世界中から飛行機などを使い莫大なエネルギーを消費すること」自体が，世界の環境負荷を高めており本末転倒であると避難しているところもある。会議場ロビーにツアーデスクが複数並んでいることもある。たとえば，二酸化炭素など温室効果ガスの抑制を検討する「気候変動に関する国連枠組み条約」締約国会議（the Conference of the Parties：以下，COPとする）は，COP3で京都（日本［1997年］），COP16でカンクン（メキシコ・カリブ海沿岸のリゾート地で年間300万人を超える観光客やお金持ち・著名人が訪れる観光都市で，1970年代にメキシコ政府が開発［2010年］），COP17でダーバン（南アフリカ共和国・古くから高級リゾート地で海沿いには多くの大型のリゾートホテルが立ち並ぶ［2011年］），COP20でリマ（ペルー共和国首都・大都市で世界文化遺産登録地があり，カジノ，高級ブティック，ホテルなどが立ち並ぶ［2014年］），COP21でパリ（フランス首都・世界で最も有名な観光都市［2015年］），COP7およびCOP22でマラケシュ（モロッコ・世界文化遺産があり，世界的な観光地）などがある。また，毎年開催される国際的な経済会議ダボス会議（世界経済フォーラムの年次総会）は，

スイスの山間にあるリゾート地であるダボスで開かれている。各種学会・研究会がハワイ（米国・国立公園が多く，世界的なリゾート地）で行われることも多々ある。会議の後は決まってレセプションが行われる。

図Ⅱ－3－3　米国・ハワイオアフ海岸（世界的リゾート地）

(2)リゾート地の汚染

　世界中の人が訪れるリゾート地バリ島（インドネシア）では，以前より海洋の水質汚濁が深刻となっており，ホテルには，連泊の際のシーツなどのクリーニングを控えることを宿泊者にお願いし，洗濯用薬剤（リン等海水を富栄養化する化学物質）の使用を抑制するなどの対策を進めている。そもそも人が集まるところでは，生活排水による富栄養化やゴミの不法投棄など問題が発生しやすい。

　しかし，世界中で海洋ゴミの漂流・漂着が増加し，各地の海洋沿岸にたどり着きゴミ捨て場のようになっている。バリ島をはじめ多くの海岸にあるリゾート地のイメージの低下を招き，観光産業に経済的ダメージを与えている。漂流ゴミの多くは廃プラスチックで，容器，袋，シート，バケツ類などである。海中，海面に漂っているプラスチックゴミを亀や魚など海洋生物が飲み込み死亡するケースも問題になっている。

　世界中の海や海岸で漂流プラスチック廃棄物に対するゴミ問題の対策が必要に迫られている。以前は，海洋を航行している各国の海軍の艦船から投資されるものが問題となったこともあったが，一部の国ではカニやエビなど甲殻類か

ら濃アルカリ処理（煮沸：脱アセチル化）して得られるキチンやトウモロコシなどから合成して生成されるポリ乳酸（乳酸がエステル結合によって重合した高分子）など生分解性プラスチック（微生物によって消費されるもの）を使用するなどして汚染対策に取り組んでいる。しかし，河川，港湾などからも陸上で使用された廃プラスチックが流出しており，値段が高くあまり流通していない生分解性プラスチックにすべてを代替することは困難である。人が経済的に採取できる石油が減少するまで，石油由来のプラスチック生産は続けられることが予想され，汚染抑制のためには廃棄物抑制（発生源対策）のための条約，法令による規制が必要である。

図Ⅱ-3-4　海岸での不法投棄防止標識（2017年）

一方，世界各地の海岸に溜まったゴミは社会問題となっているが，なかなか清掃・浄化が進んでいない。清掃（ゴミの回収）や焼却などの減量化処理，埋め立てなどの最終処分は，大きなコストとなることが障害となっている。海水浴場の周辺住民によるボランティアや企業のCSR活動で清掃活動を行っている例は多くあるが，発生抑制策が進んでいないため，いたちごっことなっている。漂流ゴミは表面に文字が記載されている場合もあり，廃棄物となっている使用済製品の製造または使用国を特定できるものもあるが，排出との因果関係，

海岸への到達までの経路などの証明が難しく，国家間の関係に及ぶことであるため排出者責任を問い，損害賠償責任を課す状況に至ることは現状ではない。

(3) 海洋汚染

1982年に採択された「国連海洋法条約」によって，これまで国際的に統一した規制がなかった海に関しての国際間の秩序が作られた。この条約により領海（国によって主張が異なっている），公海（内水［河川，湖沼，運河など］，群島水域，領海，経済的排他水域に含まれない海洋域）の概念が定められ，海洋汚染などの問題が規制された。しかし，明確な規定を作るまでには至っていない。各国の海洋域および海洋資源（水産資源，熱水鉱床や海底資源など）の所有権についての争いが解決しないものが多々ある。

しばしば発生する油濁事故に関しても，船の所有者が複雑なことや加害者が汚染を認めないままとなることもある。国際法における環境保全に関する秩序は，未だ世界各国の理解を得ている状況ではない。人類の代表的なコモンズである海が，秩序なく汚れていくと地球全体の環境に悲劇的な損害を与えていくことが予想される。

油濁被害補償については，1971年にすでに「油による汚染損害の補償のための国際基金設立に関する国際条約」が制定されており，1978年には，「油汚染損害の民事責任に関する条約」（1969年）に基づいて，船舶所有者から十分な損害賠償責任を受けられない油濁事故の被害者に対する国際基金も設立されている。しかし，補償の規定が厳しく，またボランティアが行った原状回復作業（コスト）は，補償額から差し引かれるといった考え方もある。したがって，リゾート地で油濁汚染が生じた場合も改善コストの負担を誰が行うのか論争になる。日本海・福井県沖で1997年1月に発生したロシアの「ナホトカ号」が座礁（実際には島根県沖で座礁したものが流れ着いたもの）した事故では，大量の原油が海洋に流れ出て沿岸域を汚染した。海岸の清掃・浄化に多くのボランティアが汚染浄化に協力したが，この作業コストが加害者の損害賠償の軽減になるか否かが議論されている。

また，1989年に米国アラスカ沖でエクソンバルディーズ（Exxon-Valdez）

号が座礁した事故では，大量の原油が流出し沿岸（プリンス・ウィリアム湾）の生態系に大きな被害が発生した。この環境損害の評価では，アンケート調査を行い被害額を算定する CVM（Contingent Valuation Method：仮想評価法）という手法が使われている。日本のイタイイタイ病事件，四日市公害事件（大気汚染に限定した場合，四日市ぜん息事件）では，被害と被害者の因果関係の証明に統計手法を用いた疫学調査結果が法的効力を持つ証拠として認められている。しかし，アンケートによる定量的な統計手法は，条件の設定によって変化が大きく，データの信頼性を確保に慎重な対応が必要である。観光地の汚染に関する損害を推定には不確定な部分が多いため，統計手法による算出も考えられるが，複数の国が関わる問題となると対処にコンセンサスを持たせることは極めて困難と考えられる。

　他方，直径0.3〜5 mm 程度のプラスチック粒子が海洋中に大量に漂っていることも問題になっている。この汚染物はマイクロプラスチック（microplastics）といわれ，工業用研磨剤や化粧品，通常プラスチックの崩壊が発生源と考えられている。その表面に有害物質（PCB［Polychlorobiphenyl］など有機溶剤，農薬など）が付着し生物濃縮により有害性が増し人や食物連鎖上位の生物への影響が懸念されている。シーア・コルボーンが著書『奪われし未来』（翔泳社，1997年）で指摘した環境ホルモン物質（内分泌攪乱物質）で指摘した自然循環における汚染システムは拡大・複雑化している。

　エクアドルのガラパゴス諸島沖で発生したタンカー「ジェシカ」の座礁による油濁事故（2001年）では，政府，ボランティア，米軍が協力して効果的に汚染拡大防止・改善が行われた。しかし，その後の原油による海の化学的な汚染が問題になり，貴重な生態系への影響が懸念されている。また，2018年に東シナ海で貨物船と衝突し，沈没したイランのタンカー「サンチ」からは超軽質原油（コンデンセート）が多量（13万6,000トン，約100万バレル［1バレル≒159リットル］）に周辺海域に流出している。周辺海域は比較的暖かいため微生物による分解は進むと思われるが，海生生物への有害物質の蓄積や生態系の変化が懸念される。

(4)レジャー施設

　遊園地などレジャー施設も，工夫を凝らして訪問者をリラックスさせるアイディアを数多く取り入れている。これらレクリエーションを行うことで，心身の疲れを癒やす効果がある。園内の環境を維持することは非常に重要である。この対処として，「割れ窓理論」を応用し，小まめな清掃を行い客のゴミのポイ捨てを防止し清潔なイメージの維持を保っている。また，さまざまに利用される照明にLED（Light Emitting Diode）を利用し省エネルギーを図っている。また，園内にあるレストランなどでのコップや皿など食器のマテリアルリサイクルも積極的に行われている。

　これら対策は，コンビニエンスストアなど小売業，スポーツ競技で使われるスタジアムなどでも同様に進められている。オリンピックなどでは総合的な環境マネジメントが必要になる。2012年に開催されたロンドンオリンピックなどでは，すでに多くの対策が取り入れられていた[2]。

注
1) ヨセミテ国立公園を保護する目的で上流・中流階級の人々の慈善活動が行われたことによって環境NGO「シエラクラブ（Sierra Club）」を設立。
2) ロンドンオリンピック・パラリンピック組織委員会（LOCOG）は，2009年に「ロンドン2012 持続可能性計画（London 2012 Sustainability Plan）」を発表し，環境に配慮したオリンピック実現のための5つのキーポイント：①気候変動対策，②廃棄物の最小化，③生物多様性の保全，④多様な社会，新しいビジネス・雇用の機会創出，⑤持続可能で健康的な生活，を提唱した。

Ⅱ－4　金　融

Ⅱ－4－1　貸し手責任

(1)事前アセスメント欠如

　事業やプロジェクトを実施・運営するための資金を得るための融資，投資は，その成果そのものに対しても責任を負っている。金融機関や投資家は，金銭の融通額に応じて利息を得るビジネスを展開している。お金でお金を生み出すシステムは，科学技術の発展に比べるとあまり長い歴史があるものではないが，社会の中では不可欠なものになってきている。資金の使われ方によっては，社会的に大きな悪影響を及ぼすことになる。資金を得て，巨大な化学プラントを作り公害（大気汚染，水質汚濁，土壌汚染など）を発生させ多くの被害者を生じたり，発電用ダムを建設して（電力を得て工業が発展しても）生態系を破壊し長年続けてきた人々の生活と自然システムを失わせたりと，持続可能性を考えない短期的な経済的利益の追求がこれまでさまざまに行われてきた。これには，大きな資金を拠出する権限がある企業の取締役の任期，政治家の任期の期間中で成果を出したいといった意図が働いている場合がある。また，国際的には，経済的に強い国が，単純に低コスト製造のみを求めて，経済的に弱い国で安易に社会的費用を削減したときなどがあげられる。

　また，ビジネスを進める際に，環境，社会への事前のアセスメントが欠けた結果，思わぬ悲惨な事件が発生する場合もある。たとえば，単純に利益を得るため（または汚染対策費の支出を節約するため）に廃棄物の不法投棄をしたり，有害物質とわかっていて環境中へ排水・排気として放出する悪質な行為をしたりするケースである。エネルギーや鉱物，水産資源などを採取する事業は日々絶え間なく行われており，森林（バイオマス）や生態系（生物多様性）など莫大な自然を喪失し，人が現在生息している生態系の持続可能性を切り崩している。短期にはその影響がわかりづらいため，知らないうちに（または未必の故意で）特定のものの利益のためにはほとんどの人と生物および将来世代の生存す

る権利を奪っている。人を幸福にするための科学技術が，多くの不幸を生んでしまっている。事業に関する事前のリスクアセスメントが不足しているためである。

図Ⅱ－4－1　自然を破壊し次々と拡大するインフラ整備

　日本の公共投資のように，国内総生産を上げるために莫大な国債を発行し（あるいは年度内中に国家予算を使い切るために）国中に土木事業を展開する場合，莫大な資金が使われるため，社会的な必要性，環境への負荷を事前検討しないまま行われると，単に膨大に資源（エネルギー，鉱物および自然資本）を無駄使いすることとなる。明らかな，環境，社会および国家のガバナンスの失敗である。国が債券を発行する際，購入者はその使い方まで考えず，償還までの利益のみに注目していることが多いため，政治または行政において慎重な事前検討が必要であり，身勝手な事業が行われるようなことは避けなければならない。無駄な資源消費が増加していくこととなる。

(2)製造物責任

　米国では，1960年代からアスベスト取扱い労働者や家族に肺がん被害が発生していたことが報告されており，社会問題となっていた。被害者は，判例法（司法の判断［判決］が繰り返されることで将来守るべき規範として法的効力を持つようになった法）である「製造物責任（Product Liability：PL）法［以下，PL法とする］」に基づき「アスベストの有害性を何十年も前から認知しながら無視して製造を続け，労働者や消費者の健康を危険に曝したとのこと」を理由に，米国のアスベストメーカー大手のマンビル（Manville）を相手取り提訴し，1981年に高額の懲罰的賠償（日本では認められていないが，不法行為に対して将来にわたって戒めるために損害額以上の賠償額を課すこと）が命ぜられる判決が示されている。翌年にマンビル社は，過去および将来の賠償金の負担に耐えることができず，破産の申し立てを行い倒産している。この倒産までの間にも，当該会社へのPL法に基づく訴訟件数は16,500件に上っている。その後も数万件の訴訟が行われ，損害賠償額は数百億ドルに及んでいる。1991年には損害賠償額が9,130万ドルに上るものもある。

　他の大手アスベストメーカーも，同様な訴訟による損害賠償金支払いによって複数の会社が倒産に及んでいる。裁判では，健康被害発生がある製品を製造，販売（労働者，消費者への安全配慮義務に欠けていた経営）していた会社へ融資をしていた金融機関への貸し手責任も問われている。次々と倒産するアスベストメーカーから損害賠償金を得ることが困難なため，被害者救済措置とも考えられるが，金融機関としては公害や労働衛生への配慮義務を行わない企業への投融資は，極めてリスクが高いことに気づかされるきっかけとなった。その後も，土壌汚染を起こした企業への融資などが社会的責任の欠如として注目を浴びることとなった。

　米国におけるアスベスト汚染防止に関する法規制は，1984年に「Asbestos School Hazard Abatement Act（ASHAA）」が制定（施行は1987年）し，1987年12月にTSCA（Toxic Substances Control Act：有害物質規制法；一般的にトスカと呼ばれている）に「The Asbestos Hazard Emergency Response Act」が制定され，濃度規制等も定められ，米国におけるアスベストの消費は

急激に減少した。1980年代には欧州各国でもアスベストの使用が次々と禁止された。対して、日本では、「労働安全衛生法」の特別法である「特定化学物質等障害予防規則」が1971年に制定され、アスベストは第2類物質として製造、取扱い作業における規制および健康診断の実施などが義務付けられている。しかし、製造使用規制が行われなく、建材、パッキング、ガスケットへの使用は続けられた。

　日本のアスベストメーカーは、欧米にはアスベスト代替品を販売したが、国内にはあまり需要はなくアスベスト製品の販売をし続けた。アスベスト汚染による被害は判明しており、予見可能であったにもかかわらずアスベスト製品を使用し続けたメーカーは、環境責任、社会的責任の意識が著しく低いと考えられる。また、米国で貸し手責任が問題になっているにもかかわらず、何の対処も行っていない金融機関も同様である。ただし、損害保険会社は調査および対処を検討していたが社会的な関心を惹くには至っていない。

　1989年に「大気汚染防止法」で「特定粉じん」に指定され、1991年に「廃棄物の処理及び清掃に関する法律」で、吹き付けアスベスト等が「廃石綿」として特別管理産業廃棄物となっているが、政府のアスベストに関するリスク管理（ガバナンス）は杜撰である。マンビルの判決が下されてから24年もたった2005年に、遅すぎる「石綿障害予防規則」が施行されている。また、2005年に農機などのメーカーであるクボタが、工場従業員および周辺住民にアスベストによる健康被害が発生していることが報道され、補償金が支払われている。これは「クボタショック」といわれ、社会的にアスベスト汚染が注目された。日本のアスベストに対する安全配慮の検討は非常に遅く、合理的な法令整備の遅れが悲惨な汚染被害を発生させたと考えられる。2006年に「石綿健康被害救済法」は施行されたが、十分な防止法を施行しないまま、救済法を整備する政府の対応は疑問である。関連各省庁間に連携がなく、行政のガバナンスの欠如であり、大手企業ならば汚染に関する海外動向は把握し対処すべきであったといえる。また、貸し手の審査も負の影響に関して不十分である。

(3)インフラ事業

　インフラストラクチャー（以下，インフラとする）に関する事業は，費用が大きくなることが多い。しかし，政府が主導していることから資金調達は比較的安定的に行われる。インフラの整備は長期的な展望のもとで行われるため，インフラの必要性など事業実施の成果について点検をすることは難しい。このため，ほとんど車が走らないところに立派な道路ができたり，高速道路や新幹線の経路が合理的な理由なく曲げられたり，妙に立派な公共施設が建設されたりと，無駄な資金投入と資源消費が行われることがある。

　事故による環境汚染が懸念され，汚染による風評被害など社会問題も発生する原子力発電は，政府が安全なエネルギー供給方法（インフラ事業）として国策として進めたものである。1つの炉の建設だけでも数千億円を費やし，メンテナンス費用も巨大である。原子力発電の建設とメンテナンスだけで1つの大きな市場が作られ，エネルギー政策上も大きな供給源を確保することができた。しかし，短期的な利益に主眼を置きすぎたため，事前のリスク検討が不足していた。不十分な環境アセスメントのまま無理に事業を推し進めた結果，想定できない事態となり，重大な損害発生事例となってしまっている。

　2011年3月に発生した福島第一原子力発電所事故は，政府のインフラ事業の進め方に大きな疑問を投げかけている。この事故では，原子炉事故のリスク対策の基本的対策とされる「止める」，「冷やす」，「封じ込める」が実施されていない。中央制御室が制御不能になり，愚かにも二次電源を原子炉地下に建設し冷却用電源が不能になり（海水をポンプで引けなくなり），高熱で水から遊離した水素が爆発して建屋を吹き飛ばし，放射性物質が環境中に放出されている。したがって，リスク対策の基本が守られていない。

　事故後は，放射性物質による環境汚染，エネルギー供給不足，地球温暖化対策の欠如（代替エネルギーとして莫大な化石燃料が使用されているため）と汚染地域避難住民の生活の保障・原状回復，放射性物質による被爆の健康影響が数年から数十年経過してから顕在化すること，エネルギー供給を持続的に安定化することなど，さまざまな社会的な問題が発生し解決していない。ガバナンス，環境および社会に対する責任の所在も未だ不明である。「原子力損害賠償

法」による国による救済がなければ，巨大な電力会社であっても倒産の可能性が高い。融資，投資を行った金融機関，投資家は極めて大きな損害を被ることになる。今後このような巨額の融資は，事前のアセスメント（リスク分析）を行い中長期的な評価を行うべきである。政府が行う公共投資に関しては中長期的な検討を行うべきであり，責任の所在がどこにあるのかがわかるように情報公開を進めていくべきである。自己責任の議論が行われると，事業を実施するための資金を与えた貸し手責任も問われるだろう。政府主導の事業への融資，投資にさらに慎重にしていかなければならない。

　なお，わが国が核分裂を用いた原子力事業がリスクが高いからすべて完全にやめるといった選択肢を選んだ場合も，依然問題は残っている。たとえば，わが国が研究開発を積極的に行ってきた高速増殖炉による原子力発電の普及計画を取りやめると，ウラン235を燃料とする核分裂による原子力発電（これまで一般的に行われてきた発電）で発生した核廃棄物（ウランの主成分［99.3％］であるウラン238が中性子を得て生成するプルトニウムを含んだもの）を再利用することができなくなる。LCAで考えると使用済燃料の最終処分が極めて困難となり，LCCでの評価では，増殖炉による発電利益がなくなり，非常に悪い経済的な評価になると予想される。

　中長期的な環境影響を評価することは極めて困難であるが，短期的な利益の確保を中心として事業を進めると，どこかで破綻するおそれがある。いつか誰かが大きな損失を被ることがわかっていて，事業へ融資を行うことは社会的責任の欠如であり，貸し手責任が問われる行為である。

Ⅱ-4-2　環境金融

(1)経済リスク

　これまで幾度となく経済バブルが発生し，無駄な資源が莫大に消費され，その崩壊とともに莫大な廃棄物の山が作られてきた。その都度その対策がとられてきたが，失敗分析を行い再発防止が図られてきたとは思われない。そもそも発生原因はさまざまなところに存在し，意図的に市場の金融を操作することもあるため，極めて複雑な社会環境を形成しているのが現状である。政府の経済政策の失敗・暴走およびその補塡，巨大な資金を持つ投資家の思惑，あるいは人の果てしない欲望で，意図的に経済バブルが起き，また次に起きる経済バブルを懸念している。サブプライムローンなど，無理な債券の発行や短期的投資の失敗から2008年に発生したリーマンショック後に，再発防止を図って英国で中長期的な投資を促す「スチュワードシップ・コード」は有効な規制と思われるが，夜も眠らず国際的に動き続ける金融に関するシステムは，世界各国がコンセンサスをもたなければ効果が期待できない。

　2012年にブラジル・リオデジャネイロで開催された環境サミットである「国連持続可能な開発会議（United Nations Conference on Sustainable Development：UNCSD）」では，経済と社会から環境保全が国際的に議論され，「持続可能な開発及び貧困根絶の文脈におけるグリーン経済（グリーン経済）」が活発に議論された。この考え方は，1992年に開催された環境サミット「国連環境と開発に関する会議（United Nations Conference on Environment and Development：UNCED）」から UNEP（United Nations Environment Programme：国連環境計画）を強く支援してきた WBCSD（The World Business Council for Sustainable Development：持続可能な発展のための世界経済人会議）が示している環境効率向上が大きく影響している。環境効率（Eco-efficiency）とは，「環境効率＝製品またはサービスの価値／環境負荷（環境影響）」と表している。お金を稼ぐこと自体，重要な「価値」を生み出し，人の生活を支える上で重要な経済活動である。しかし，「価値」の範囲を単純にお金を儲けるといったことだけに限定せず，中長期的に考え，人が持続的に生きていくために環境・生

態系の保全に関しても広げていくといったものである。すなわち経済活動の中で、環境リスク対策を考えていく効率的な考え方である。

表Ⅱ－4－1　重大リスク上位10位（Top 10 risks in terms of Impact）

リスクの内容	リスクのカテゴリー
1. 大量破壊兵器 Weapons of mass destruction	地政学的リスク
2. 異常気象現象 Extreme weather events	環境リスク
3. 自然災害 Natural disasters	環境リスク
4. 気候変動の緩和と適応の障害 Failure of climate-change mitigation and adaptation	環境リスク
5. 水の危機 Water crisis	社会問題
6. サイバー攻撃 Cyber attacks	技術的リスク
7. 食糧危機 Food crisis	社会問題
8. 生物多様性の喪失や生態系の崩壊 Biodiversity loss and ecosystem collapse	環境問題
9. 大規模な難民 Large-scale involuntary migration	社会問題
10. 感染病の拡大 Spread of infectious diseases	社会問題

注：リスクのカテゴリーは、WEFの報告書に従い記述している。
出典：World Economic Forum "The Global Risks Report 2018 13th Edition" 1/2018, p.2.

一方、世界の財界人、政府関係者、学者が集まり毎年1月に開催され国際的に強い影響力がある経済会議であるダボス会議では、主催者である世界経済フォーラム（World Economic Forum：以下、WEFとする）から"Global Risks Report"が発表され、その年の重大リスクが示されている。会議開催当初から経済問題が多くを占めていたが、近年、年を追うごとに環境問題、社会

問題が多くなり，2018年の報告では，上位10項目中8件を占めるようになった。なお，WEFとは1971年に設立され，2018年現在，世界の1,200以上の企業や各種団体が加盟している。会費，スポンサー費，会議参加費で運営する非営利の公益財団でスイス・ジュネーブに本部がある。

　国際的な経済を検討するダボス会議において，環境問題や社会問題が多く取り上げるようになった理由として，地球的規模または地域の環境問題が経済に直接影響する身近な問題になってきたことによる。表Ⅱ－4－1の重大なリスクの上位を見ると，環境問題では，気候変動に関する影響が最も懸念を持たれていることがわかる。生物多様性の破壊に関しても高い問題意識を持っている（上位10位中8番目）。大量破壊兵器が，核爆弾（原子爆弾，水素爆弾あるいは中性子爆弾），化学兵器（毒ガスなど），生物兵器（感染性病原体，遺伝子操作で感染性など能力を高めたものなど）が環境中に放出されると，大きな環境汚染・破壊，社会的な問題も引き起こす可能性がある。また，水不足は世界中ですでに問題となっており，社会問題であり，原因は環境問題であることも多い。10位の感染病の拡大は，地球温暖化によって熱帯性伝染病（マラリアやデング熱など）が「国連気候変動枠組み条約」締約国会議に基礎情報を報告しているIPCC（Intergovernmental Panel on Climate Change：気候変動における政府間パネル）によって問題視されている。

　これらの問題は，リスクが高まり影響が発生することを想定して対処するべきか，原因を分析してリスクを小さくするかで，対策手法が異なる。気候変動のように，国際的な対処が進まない問題に対しては，現状で可能な対策を進めリスクを大きくしないようにしていくことが必要であろう（フォーキャスティング）。問題解決にコンセンサスが得られれば，バックキャスティングで問題発生状況を検討し，現在行っておくべき対策を進めリスクを小さくしていかなければならない。しかし，国際社会では「気候変動に関する国際連合枠組み条約」に基づく「京都議定書」や「パリ協定」から米国等が脱退した際に理由とした自国への「経済的ダメージを回避するため」といった考え方は強く存在している。ダボス会議で取り上げている問題解決には，この障害が大きく立ちふさがっている。取り上げた重大リスクが，中長期的な視点でみると経済的ダ

メージがいかに重大なものであるか国際的理解が必要である。しかし，慢性的な問題が顕在化するまでの期間と比べると，政治家の任期は非常に短く，人の一生も短い。

(2) 金融事業

　行政コストを抑制する方法として，PFI（Private Finance Initiative）による手法が使われることがある。この手法は，民活とは異なり，行政が運営する施設や業務（有料インフラストラクチャー，刑務所，その他行政サービス）を効率的な経営を推進するため民間企業に譲渡する施策である。わが国では，「民間資金等の活用による公共施設等の整備等に関する法律（PFI推進法）」（2000年施行）として法令による政策として施行されている。PFIをいち早く取り入れた英国では，行政コストを圧縮することに成功している。わが国も地方自治体にさまざまに導入が行われた。一般廃棄物処理処分に関しては，「廃棄物の処理及び清掃に関する法律」で，市町村が事業主体と定められているが，中間処理である燃焼処理で熱量が低いため石油が投入されていた（燃焼温度が800℃以下になるとダイオキシンの発生のおそれがある）。この対策として，民間企業が処理処分の事業主体と定められている熱量が高い産業廃棄物を混焼することで合理的な燃焼処理が可能となるため，民間の産業廃棄物業者にPFI手法を使った事業運営が行われた。新たな投資が必要な場合もあるため，新たな市場が期待される場合もあったが，本来の目的は行政コストを減少させ，無駄が省かれることで運営市場は縮小する。

　身近なビジネスとしてリース（ファイナンスリースも含む）やレンタルは，「もの」のライフサイクルにおけるサービス量を拡大させており，資源生産性を高め，廃棄物量の削減に有効に働き，資源政策上も安定した供給を向上させている。シェアビジネスも同様な効果が期待できる。

　機関投資家をはじめ，環境，社会，ガバナンスが安定した企業への投資評価は，中長期的利益を確保するために重要な視点となっている。CDPの情報による審査がよい例である。1960年代に問題となった公害は，特定の有害物質の地域汚染であるが，水質汚濁（熊本水俣病，新潟水俣病など），大気汚染（四

日市ぜん息など），土壌汚染（イタイイタイ病など）は，数十年に渡り争いが続いている。規模が大きい環境問題に関しては，さらに複数の被害が発生し，極めて多くの被害者が発生する（またはすでに発生している）と予想される。将来，条約，法令，ガイドラインによる規制が強化された場合，あるいは損害をめぐって莫大な数の争いが発生した際に，現在の企業の対応のあり方が問われる。また，予見可能な問題に対して，業界団体が率先して対処が行われることもある。ドイツなど産業界自ら政府に法律案を提案している。国際標準化機構（International Organization for Standardization：ISO）の環境規格，CSR規格などは，国際的に企業活動をコントロールしており，規格認証が必要なものについては，その取得の有無が業務契約の条件になっている場合がある。このほか森林伐採防止などの環境配慮やフェアトレードはじめ社会的責任の遵守などNGOによる評価や認証が国際的に注目されており，企業の将来性について融資，投資の審査基準が多様になっている。

　また，序章で述べたグリーンボンドをはじめグリーンファイナンス推進に関しては，G20で取り上げられていることもあり，世界銀行や世界各国の金融機関で取り込まれている。ただし，「環境」の概念は広く，明確な定義も定められていないため，自然保護よりエネルギー供給事業全般が優先されることもある。自然の循環システムを考えない環境イメージのみを整備した都市開発など本来の環境保全の目的を実質的に伴わないプロジェクトへの資金提供はあまり意味を持たない。また，環境問題や社会的問題を解決するためのプロジェクトは成果が現れるまでに長期間を要することもあり，債券の償還期間と合致しないことも考えられる。グリーンファイナンスの審査基準として，グリーンボンドに関して世界銀行から解説書，わが国の環境省からガイドラインが示されている。また，わが国の金融機関では，土地を担保にした融資はさまざまに行われてきたが，プロジェクトファイナンスはこれまであまり経験がなく，審査基準の明確化が重要であろう。

(3) 情報公開

　企業とステークホルダーとのESGに関したインタラクティブなコミュニ

ケーション（リスクコミュニケーション）として，CSR レポート（質問窓口が明確に示されたもの）は重要なツールとなっている。CSR レポートの内容は，企業評価の重要な審査項目である。これまでは財務会計が企業評価の最も優先される視点であったが，中長期的な評価には CSR が重要な視点となる。非財務会計とされる CSR レポートは，ESG 経営の結果が極めて重要な視点である。したがって，財務会計と非財務会計を1つにした統合報告書は，持続可能な経営をめざす企業にとっては合理的な情報整理の機会となり，ステークホルダーをはじめ社外への情報発信の重要な手段となる。企業の説明責任（accountability）は広がりつつあり，企業の詳細な体質（企業の社会に対する真実の姿勢）まで示さなければならなくなってきている。

　ただし，会計と，環境，社会に関わる分野すべてを十分理解している者は極めて少なく，世界の企業がこのシステムを進めるにしても人材が不足している。特に日本は，環境，社会面における人材が少ない。環境分野に関しては，1970年代に問題となった公害対処では優秀で意識の高い人物は多いが，学術分野を育成してこなかったため後継者があまりいないのが現状である。環境教育の定義は明確ではなく，生物や天文学など自然科学系のイメージが強い。しかし，「社会科」のテリトリーが必要であり，ESG 経営にとっては自然科学と社会科学の接点が非常に重要である（教育学は，人文科学）。大学においても自然科学と社会科学を融合した環境学を1つの学部として総合的に研究・教育しているところは少なく，歴史も浅い。名称とは全く異なった内容となっているところもある。確執が全面に現れている場合は存在価値がない。各学術分野は研究方法が異なっており，研究内容を比較し，互いに深い内容まで理解し合うのは難しい。気候変動防止の検討を行っている IPCC のように，少なくとも分野（自然科学的根拠，影響・適応及び脆弱性，気候変動の緩和）に分けて検討するほうが合理的であろう。俯瞰的にまとめる者も必要となり，検討のまとめおよび情報の収集などガバナンスが重要となる。

　会計分野，投資，融資分野の業務において，短期および中長期的視点を持って，環境面，社会面に関した知識と理解力を兼ね備えた人材を育成するのは無理がある。各産業分野を同じ切り口で分析するのではなく，複数の切り口につ

いて行うのは至難の業で，評価に却ってムラを生じてしまう可能性がある。専門的な業務は可能な場合は，専門家との共同プロジェクトとしたほうが効率的であろう。プロジェクトチームができればさらによい。CSR レポートに関しても，作成そのものを外注している企業が多い。また，CSR の評価も金融機関が行うのではなく，専門機関に依頼していることが多い。投資信託のポートフォリオの作成，SRI（Socially Responsible Investment：社会的責任投資）にCSR レポートを審査する場合などですでに行われている。企業の環境，社会面に関する情報作成，評価がアウトソーシングされていることになる。

近年機関投資家が積極的に注目している情報に，NGO である CDP は，世界の主力企業の環境保全に関する活動の情報をアンケートで収集して会員の機関投資家等へ提供している。地球規模の環境問題は，慢性的に全世界へ影響してくることから中長期的な対処を事前に行っておかないと，企業の持続可能性が維持できない。また，自然科学面の研究はまださまざまに議論されており，社会科学面は国際関係や国内外の政治が不明確である。このような状況では個別企業の評価ができないため，各企業を比較できるように同じアンケートを各国の多くの企業に送り，まず現状把握し，回答を同じ条件の下で解析，審査，ランキング付けを行っている。

CDP は，英国ロンドンで2000年に設立した当初は，調査は気候変動の原因物質である二酸化炭素の排出に関して行われ[1]，このプロジェクトの名称であるカーボンディスクロージャープロジェクト（Carbon Disclosure Project）の名が，2013年からこの NGO の名称（CDP）となった。CDP への署名機関投資家数（2016年）は827機関あり，これら機関の運用資産総額は100兆米ドルに上り，世界の産業界も無視できない状況になってきている[2]。企業評価は，A，A-，B，B-，C，C-，D，D-，の8段階で示され，この評価に基づいて多くの機関投資家が投資先を選択している。年金など中長期間を見据えた投資判断には，不可欠となってきている。CDP の事務所は世界各地に作られ，2017年1月現在で本部の英国の他，ドイツ，フランス，日本，米国，イタリア，フィンランド，ブラジル，インド，オーストラリア，中国および香港に置かれている。

調査対象となる環境問題も項目を増やしており，気候変動プログラム（温室

効果ガスの排出対策）以外にも，2009年から水プログラム（水利用対策），2012年からは森林プログラム（森林破壊対策）が進められている。この他調査対象を変え，サプライヤー（2007年～）および世界の地方自治体（2011年～）について環境対策の現状把握が試みられている。2016年に行われた地方自治体調査では，日本から東京都，横浜市，名古屋市，岡山市，広島市が回答している。

　他方，公共事業にも莫大な投資が行われており，各種インフラストラクチャーは中長期的な視点が重要であり，政府も中長期的な金融政策を進めている。一般公衆も公共投資に対して環境保護（または破壊）を評価し現状を理解しなければならない。巨額の資金が使われた公共建築物が，建築した後で有害物質で汚染されていて使用できないなどとなると大きな無駄な投資が発生する。さらに身近な商品（「もの」，「サービス」）の環境負荷も評価することが，購入（消費）の重要な選択判断となる。省エネルギー性能，有害物質回避，無駄をなくすことなどがあげられ，これには正確な情報提供，信頼ある評価結果の公表が必要である。このような社会状況の変化は，企業経営にとって重要な戦略になってきている。国際的に取り組まれているESGの基本的な方針の1つといえる。

　1970年頃から，汚染者負担の原則に基づいて，環境汚染を防止するため工場等に排水施設や排気ガス処理施設を設置して対応し，一般公衆の福祉を維持してきた。このような方策は，製造工程の末端で対策するという意味で「エンドオブパイプ（End of Pipe）」と呼ばれている。対してESG経営では，エンドオブパイプから「ビキンオブパイプ（Begin of Pipe）」へ，いわゆる発生源対策から環境会計，環境経営，環境投資，グリーンファイナンス，社会貢献，社会的責任に関する戦略を持って推進する時代へと変化してきている。サプライチェーンも含めたライフサイクルマネジメントを正確な情報に基づいて的確に構築していかなければならない。

注

1) WBCSD（持続可能な発展のための世界経済人会議）と WRI（世界資源研究所）が中心となって世界の企業，環境 NGO（Non-Governmental Organization），政府機関などで構成される会議「GHG プロトコル（Greenhouse Gas protocol）イニシアティブ」では交際的に信頼されている「GHG 算定基準」を発表。なお，「GHG プロトコルイニシアチブ」は，1998年に発足，2001年9月に「GHG プロトコル」の第1版を発行した後，GHG 排出に関するライフサイクルマネジメントを3つの分類し計算する次の手法を提案。①スコープ1（scope 1）：企業が自社で使用する施設や車両（移動）から直接排出した量，②スコープ2（scope 2）：企業が自社で購入した電力や熱など，エネルギー利用による間接的な排出の量。電力は，政府から電力会社ごとに発表される化石燃料使用率（温室効果ガス排出係数 [t-CO_2/kWh]）を乗じて算出，③スコープ3（scope 3）：サプライチェーンを含めた広い範囲を対象にした排出量。

2) 2016年に実施された調査では，世界の1,839社にアンケートが送られ，1,089社から回答（回答率：約60％）が得られている。アンケートが送られていない企業が回答するケースも発生している。

おわりに
―理系と文系といった無駄な確執―

1．価値観の変化

　自然を破壊すれば人間の生存できる可能性は低くなり，生態系が破壊されれば直接的な影響が現れる。現在，人の地球上での「持続可能性」は，人の活動によって変化している。すでに，オゾン層の破壊によって紫外線が強くなり，人にアレルギー，白内障，皮膚がんなど健康被害が増加している。31億年かけて生成されたオゾン層は以前のように戻ることはない。また，地球温暖化も進み，生態系の変化，気候変化，海流の変化，海の酸性化などが発生しており元に戻ることはない。「パリ協定」では2100年までの変化を減少させようとしているが，国際的コンセンサスは十分に得られていない。したがって，人はこの環境変化に適応した生活をしなければならなくなっている。

　たとえば，割り込みによる利益を得と考える人は，超主観的な見方しかできない人で，客観的で，中長期的に将来を計画することはできない。いわゆる短期間のフォーキャスティングでしか前を見ることができない。したがって，このような人には環境汚染・破壊など考えることはできない。特に，地球的環境破壊は不可逆的であり，適応していくしかない。人類は，このような状況に陥っているといえる。

　しかし，「持続可能な開発」の考え方がこの現状を少しずつ変える可能性を持たせ始めている。わが国では，2000年頃までは環境保護について単なるコストと考える者が多く，対策は安価に抑えたいとの考え方が一般的だった。その後，環境コストが拡大するに従い，安価にする発想が転換され，環境対策による廃棄物削減・汚染浄化コストの削減など経営上の節約になるとの見方が増え，生産性向上のみを目的とする企業と格差が開き始めている。行政サイドでは環境汚染は事後対策より事前対策が安価になることを示し，未然対策への誘導策が進められた。なお，行政による汚染未然対策推進は1990年前後より行われてきたが，新たな費用を生じることから日本の経済バブル崩壊と重なり容易に社会的なコンセンサスが得られなかった。

企業は，人の生活で最も大きな存在であり，同様に自然の一部である。2016年からの国際的目標であるSDGsの項目に取り組むことは，企業と自然を不可分とさせる最も基本的な行動である。ESGは中長期的な経営戦略として取り組まなければ，企業の成長に大きな格差が生まれる。賢明な人は自然の一部で生活を営んでいることを忘れてしまうと，いずれ地球上での生存が困難になることに気づき始めている。企業経営にESGの視点が加わったことで，もの，サービスの価値評価が多様化したといえる。この変化に企業も敏感に順応していかなければ持続可能性は失われるだろう。

2．時間的空間的に拡大した環境問題

　環境に関わる自然科学の知見はまだ不明なものが多い。気候変動や地震など地球内部に関わる物理的化学的性質，大気・海中・土壌中における生態系の多様性など時間的，空間的現状，変化などほぼ確からしい予測に基づき，政策的判断に基づき対処が検討される。中長期的に予測が可能なものはバックキャスティングで，早急な対処が必要なもの，または再発を防止するものは，フォーキャスティングで対処がなされている。しかし，人の価値観の違い（固定観念，個別の経済的または特定の利害等）で，未だ発生していない環境問題への対処

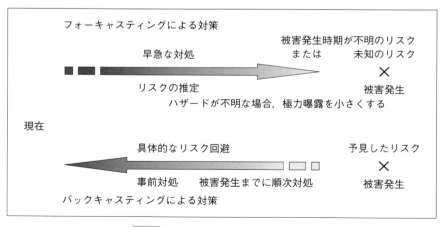

図1　環境リスク対処の行動時期

に関して人のコンセンサスを得ることは難しい。この対策を実行することはさらに困難となる。

　現在人類の存続にも関わる重大な問題となっている気候変動防止は，その原因に関して最も有力な自然科学的知見として二酸化炭素による地球温暖化が指摘されている。この考え方は，1827年にフランスのフーリエ（Jean Baptiste Joseph Fourier／数学者・物理学者：熱伝導論研究／フーリエ級数論創始者）が，地球大気が赤外線の一部を吸収し地球を温暖化する学説を発表し，気温変化に大気中の温室効果ガスの影響が注目され始めている。その後，19世紀の終わりに，スウェーデンのアレニウス（Svante August Arrhenius／化学者・天文学者：電離説）が，産業革命で工場から発生した二酸化炭素によって大気中の成分分布が変わり，当該温室効果ガスの比率が高まることによって地表面温度を上昇させる仮説を立てている。1967年にはMIT（Massachusetts Institute of Technology）の研究チームによって二酸化炭素増加による地球温暖化が観測され，気候変動の可能性を懸念する研究結果が発表されている。しかし，これらの研究成果に基づいて，社会的に大きく取り上げられることはなく，社会システムでリスク対処を図られるには至っていない。地球温暖化が注目されたのは，米国で1980年と1988年で発生した深刻な熱波がきっかけとなり，国際会議が開かれたときからである。この熱波は，米国の3大ネットワークテレビ（CBS, NBC, ABC）などが地球の気温が上昇しているといった報道を競って行ったことで注目を集め，地球温暖化のリスクに世論が高まった。また科学的な事象として，NASA（National Aeronautics and Space Administration）が，気温上昇が原因として南極において巨大な棚氷が流れ出した映像を公開したことなどで信頼を得た。

　ただし，現在の地球は氷河時代であり，約1万年前に最後の氷期が終わり，現在は間氷期との学説が有力である。氷期には，地球に存在する水の多くが氷となったため，現在より海面が100〜150メートル低かったと考えられている。気温も数度（4〜5℃程度）低かったとされている。この数千年オーダーでの検討に基づけば，現在の地球温暖化現象は，間氷期の一時的な乱れとも考えられる。しかし，現在の地球温暖化は，その変化のスピードがあまりにも速すぎ

る。

　人為的影響をコントロールするための社会システムを構築していく場合，自然科学の状況を把握確認でき，法律や経済などを理解している人材が必要であるが，この両方を習得している人材は極めて少ない。特に環境保全分野は，多くの学術分野の境界領域にあり，さらに研究者，教育関連業界，産業界，政界および一般公衆が，それぞれ異なった目的のもとで環境対策に取り組むことがある。大量の農薬散布による環境破壊を防止するために遺伝子組換え技術や細胞融合技術を用いて病原耐性が高い遺伝子を作り上げ，伝染病や深刻な病気の医薬品を当該技術で多量生産を図り安定供給を図っても，遺伝子組換え体の環境への影響，遺伝子組換えに使用するベクターまたは宿主に病原体が使用された場合の環境への漏洩等のリスクに対して，懸念する者も存在する。他方，気候変動のように原因に関して複数の要因が挙げられ，自然現象変化について，分析する期間が数日から数年，数百年，数千年と全く異なり，その測定範囲も人の視野でわかる範囲，国レベル，世界レベル，あるいは宇宙と変化する場合，解析条件そのものに大きな違いが生じている。こうなると，限られた範囲内での検討によるさまざまな考え（あるいは限られた範囲内での研究）は，肯定も否定もあまり意味をなさなくなる。

3．自然科学と社会科学の乖離・確執

　エルンスト・U.フォン・ワイツゼッカーは，著書『地球環境政策―地球サミットから環境の21世紀へ―』（有斐閣，1994年）261～262頁で，「この50年間，人文学者を含む自然科学専門外の人々が自然科学者と会話するのは不可能に近いことであった。そのうえ，大言壮語する自然科学を同じ対話の土俵へ引き上げることができるような哲学者がいるだろうか。自然科学者とくだけた会話以上のなにかの話ができる唯一のグループは，国家権力を使って制限や規則を科学や技術の適用に設定する，法律家だけである」と述べており，環境保全，あるいは，環境政策において自然科学者と法学者は全く立場が異なることがわかる。

　いわゆる理系，文系といった乖離が存在していることは確かである。環境保

護対策を進めるには全く非合理的な状況である。そもそも学問に境界を設け，環境保全分野に関しわざわざ境界領域といわれていること自体が疑問である。1960頃わが国で公害が問題となった際，化学工場からの排水で有機水銀が環境中で放出され生物濃縮されたことで，新潟水俣病事件（加害企業：昭和電工），熊本水俣病事件（加害企業：チッソ）が発生し，鉱山事業所からの鉱水にカドミウムが含まれた（実際には隣にあった北陸電力水力発電所から大量に放水した際に流出したと考えられている）ことでイタイイタイ病事件［富山県，発生源は岐阜県神岡町］（化学企業：三井鉱業）が発生している。また，工場ばい煙を原因とするぜん息（アレルギー）も発生しており，四日市ぜん息事件［三重県四日市市］（加害企業：三菱化学他6社の共同不法行為）が発生している。これらは，司法の場で損害賠償責任が争われており，被告企業は，過失を否定し，原告と激しく争っている。

　原告の被害者には，過失を証明するための調査資金が不足しており，また化学などの有識者も少なかったため真実を証明するために困難を要した。対して，被告は，政府（厚生省［現　厚生労働省］，地方公共団体など），東京大学をはじめとする社会的に権威がある有識者の証言・証拠（知見）に基づく抗弁が次々と示されている。現在では正当な調査で当然示されるはずの（当時の科学レベルであったとしても）科学的知見も間違いと判断されるおそれもあった。この理由は，公害に関して加害者の過失を科学的根拠に基づいて証明したことが初めてであったことと，政府の判断が歪んでいたことがあげられる。民法第1条が示す「私権は公共の福祉に従う」の内容を取り違えていたと考えられ，私権の中でも極めて重要な「人が健康に暮らす権利」，いわゆる人格権を公然と侵害されていたと解することができる。これら事件では，理系，文系に分けてみても，原告サイド，被告サイドの両方にそれぞれの専門家が存在しており，それぞれの専門家は対立する異なる分野を理解することは極めて困難と思われる。過失の証明は，法的な論理のもとで行われるが，環境分野の場合往々にして自然科学的知見（証拠）が不可欠になる。根拠の積み重ねが必要となることもしばしばあり，自然科学の分野でも複数の知見（証明）を揃えなければならなくなることもある（**図2 参照**）。汚染範囲が広がるほど，図2に示す汚染の

経路の確定は困難となり，複数の仮説が立てられることも考えられる。因果関係に関しても同様である。蓋然性のレベルがどの程度あれば過失の要件となるか，社会科学的背景など考慮しケースバイケースで斟酌しなければならない。

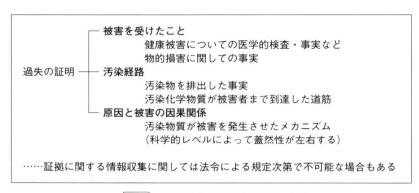

図2　汚染事件の過失の要件と立証

　地球的規模の汚染または環境破壊となると，過失の証明は極めて難しく，現在発生している気候変動や海面上昇，気温変化による生態系への影響，伝染病の拡大の原因を立証し，責任を負わすことは現在の自然科学のレベルでは不可能に近い。加害者が不明となると，フリーライダーが次々と発生しても不思議ではないだろう。条約，法律によって漠然とした規制を行っても効果はなく，また厳しく定量的な規制を行えば加害者が特定できない限り，利害のみで行動する者も当然出現する。国際的には，'Think globally, Act locally' との考え方を示される場合が多いが，通常 'Think globally' はかなり難しい。自分が視野の届く範囲内で検討するだけでも行動するのは困難な場合がある。自然科学の法則は，地球または宇宙で不変だが，社会科学的な検討となると一定の地域を取り上げても時間的な広がりの中で普遍的な法則は見出すことはできない。地域，時間的変化に合わせて変化していくものである。したがって，自然科学の視点で，社会科学の検討することは非常に難しい。ただし，組織内や一定の地域，空間の中で，外部を見ないで，または知らないまま（大海を知らないま

ま）無駄な議論，意見の主張をするといった，いわゆる「井の中の蛙」は問題外である。

　一方，鉱山，製鉄でも以前より鉱害がしばしば発生していたが，汚染源が目視でも明確であり，被害が限定的であり，原因が明確であったため，加害者が特定できている。また，加害者企業が被害者や周辺環境に対して原状回復に熱心に取り組む事例が多く，四大鉱害のように汚染者と被害者が司法の場での対立を発生しているケースは少ない。視野が及ぶところで事実が明白に確認できることで，加害側においても社会的責任を果たすことが可能になり，自然科学を用いた具体的な対処が図られる機会を得たと思われる。しかし，新たなコストを生じることに関しては，利害関係が発生するため，多くの事例（小坂鉱山煙害事件，日立鉱山煙害事件，別子鉱山煙害事件，八幡製鉄所大気汚染事件など）では，経営者，投資家，労働者の理解を得るために大変な努力が必要であった。特に環境問題は，中長期的に変化が生じ，気づいたときには人への深刻な健康被害が生じていたり，生態系が不可逆的に近い状況で破壊されていたりしている場合が多い。対策を施しても，その成果が現れるのも，長い期間が必要となるため，自然科学および社会科学の検討は不可分であり，確執が生じ，乖離してしまうと検討が進むことはない。

4．これから

　人は自然の一部であるため，食物連鎖や化学，物理法則の中で生息している。しかし，時間的空間的に環境または社会問題が広がるとさまざまな視点が発生し，その問題に対する理解が異なってしまう。個々に存在する問題を俯瞰的に考えるガバナンスは極めて重要である。

　たとえば，資源の安定供給と環境政策を混同して検討を進めると，目的が異なっていることでいずれ矛盾が生じることとなる。正確な自然科学の事実に従い，社会科学による社会的システムを作り上げていくことで合理的な対策が可能となる。複数の視点を持った検討に基づきしっかりとしたガバナンスのもとで対策が進められることが望まれる。

参考文献

- ドネラ・H. メドウス，デニス・L. メドウス，シャーガン・ランダース，ウィリアム・W. ベアランズ3世『成長の限界—ローマクラブ「人類の危機」レポート』（ダイヤモンド社，1972年）
- 日本総務省統計局『世界の統計　2018』（2018年）
- ドネラ・H. メドウス，デニス・L. メドウス，ヨルゲン・ランダース，訳：松橋隆治，村井昌子，監訳：茅陽一『生きるための選択　限界を超えて』（ダイヤモンド社，1992年）
- ドネラ・H. メドウス，デニス・L. メドウス，ヨルゲン・ランダース，訳：松廣淳子『成長の限界　人類の選択』（ダイヤモンド社，2005年）
- ガレット・ハーディン，松井巻之助 訳『地球に生きる倫理—宇宙船ビーグル号の旅から』（佑学社，1975）
- ガレット・ハーディン，竹内靖雄 訳『サバイバル・ストラテジー』（思索社，1983年）
- レイチェル・カーソン『沈黙の春』（新潮社，1974年）
- K. ウィリアム・カップ，篠原泰三 訳『私的企業と社会的費用』（岩波書店，1959年）
- K. ウィリアム・カップ，柴田徳衛，鈴木正俊 訳『環境破壊と社会的責任』（岩波書店，1975年）
- ウォルター・アルヴァレズ，月森佐和 訳『絶滅のクレーター　T・レックス最後の日』（新評論，1997年）
- リサ・ランドール，訳：塩原通諸，監訳：向山信治『ダークマターと恐竜絶滅』（NHK出版，2006年）
- R. バックミンスター・フラー『宇宙船地球号　操縦マニュアル』（筑摩書房，2000年）
- エドワード・チャンドラー，訳：山岡洋一『バブルの歴史』（日経BP社，2000年）
- ジョン・プレンダー，訳：岩本正明『金融危機はまた起きる』（白水社，2016年）
- F. シュミット・ブレーク，訳：佐々木建『ファクター10』（シュプリンガー・フェアラーク東京，1997年）
- エルンスト・U. フォン・ワイツゼッカー，エイモリー・B. ロビンス，L. ハンター・ロビンス，訳：佐々木建『ファクター4』（省エネルギーセンター，1998年）
- アル・ゴア，訳 小杉隆『地球の掟　文明と環境のバランスを求めて』（ダイヤモンド社，1992年）
- 手代木琢磨，勝田悟『—文科系学生のための—科学と技術』（中央経済社，2004年）
- 勝田悟『環境情報の公開と評価—環境コミュニケーションとCSR—』（中央経済社，2004年）
- 勝田悟『化学物質セーフティデータシート』（未来工学研究所，1992年）
- 『理化学辞典第5版』（岩波書店，1999年）
- UNEP "Radiation Dose Effects Risks (1985)" 日本語訳：吉澤康雄，草間朋子『放射線その線量，影響，リスク』（同文書院，1988年）
- 国際自然保護連合，国連環境計画，世界自然保護基金 訳：世界自然保護基金日本委員会『かけがえのない地球を大切に—新・世界環境保全戦略』（小学館，1992年）
- エルンスト・U. フォン・ワイツゼッカー，監訳：宮本憲一，楠田貢典，佐々木建『地球環

- 境政策　地球サミットから環境の21世紀へ』（有斐閣，1994年）
- ステフアン・シュミットハイニー，フェデリコ・J.L. ゾラキン，世界環境経済人協議会（WBCSD）『金融市場と地球環境—持続可能な発展のためのファイナンス革命—』（ダイヤモンド社，1997年）
- ステフアン・シュミットハイニー，持続可能な開発のための産業界会議（BCSD）『チェンジング・コース』（ダイヤモンド社，1992年）
- 日本生産性本部『労働生産性の国際比較2017年版』（2017）
- 勝田悟『環境保護制度の基礎　第三版』（法律文化社，2015年）
- 勝田悟『環境学の基本　第二版』（産業能率大学，2013年）
- 勝田悟『原子力の環境責任』（中央経済社，2013年）
- 勝田悟『グリーンサイエンス』（法律文化社，2012年）
- 勝田悟『環境政策—経済成長・科学技術の発展と地球環境マネジネント—』（中央経済社，2010年）
- 勝田悟『地球の将来—環境破壊と気候変動の驚異—』（学陽書房，2008年）
- 勝田悟『環境概論　第二版』（中央経済社，2017年）
- 環境と開発に関する世界委員会，監修：大来佐武郎「地球の未来を守るために Our Common Future」（福武書店，1987年）
- GRI, United Nations Global Compact, WBCSD "SDGs Compass" (2015)
- World Economic Forum "The Global Risks Report 2018 13th Edition" (2018)
- 環境省，文部科学省，農林水産省，国土交通省，気象庁『気候変動の観測・予測及び影響評価統合レポート2018　～日本の気候変動とその影響～　2018年2月』（2018年）
- Natural Capital Coalition，日本語版監修：一般社団法人コンサベーション・インターナショナル・ジャパン，KPMG あずさサステナビリティ株式会社『自然資本プロトコル（the Natural Capital Protocol）』（2016年）
- 労働省（現　厚生労働省）『半導体製造工程における安全衛生指針』（1988年）
- 経済産業省　オゾン層保護等推進室『モントリオール議定書の改定について　平成29年1月』（2018年）
- 経済産業省資源エネルギー庁『平成29年度エネルギーに関する年次報告（エネルギー白書2018）第196回国会（常会）提出』（2018年）
- 経済産業省資源エネルギー庁『平成29年度エネルギー白書』（2018年）
- カルロ・ペトリーニ，訳 石田雅芳『スローフードの奇跡』（三修社，2009年）
- 国際連合『我々の世界を変革する：持続可能な開発のための2030アジェンダ　国連文書A/70/L.1』（2015）
- ガレット・ハーディン「共有地の悲劇」サイエンス誌，162巻（1968年12月13日号），1243頁～1248頁
- Jules Pretty "The Real Costs of Modern Farming －Pollution of water, erosion of soil and loss of natural habitat, caused by chemical agriculture, cost the Earth－." Resurgence No.205 March/April 2001, Page 6-9.
- Michael E. Porter and Mark R. Kramer, "Creating Shared Value" HBR January-February 2011.

- 気候変動に関する政府間パネル（IPCC），気象庁訳（2015年1月20日版）『気候変動2013：自然科学的根拠　第5次評価報告書　第1作業部会報告書　政策決定者向け要約』（2013年）
- 気候変動に関する政府間パネル（IPCC），環境省訳（2014年10月31日版）『気候変動2014：影響，適応及び脆弱性　第5次評価報告書　第2作業部会報告書　政策決定者向け要約』（2014年）
- 環境省（2014年8月版）『IPCC 第5次評価報告書の概要―第3作業部会（気候変動の緩和）』（2014年）

【参考HP】
- CDP HP　https://www.cdp.net/en
- 年金積立金管理運用独立行政法人（GPIF）HP　http://www.gpif.go.jp
- 日本財務省 HP　http://www.mof.go.jp
- グローバル・フットプリント・ネットワーク HP　http://www.lemonde.fr/planete/article/2017/08/01/a-compter-du-2-aout-l-humanite-vit-a-credit_5167232_3244.html
- 日本総務省統計局　http://www.stat.go.jp/data/sekai/0116.html
- 外務省 HP　http://www.mofa.go.jp
- GPIF HP　https://www.gpif.go.jp
- 国連広報 HP　http://www.unic.or.jp
- JAXA 宇宙情報センター HP　http://spaceinfo.jaxa.jp/ja/george_gamow.html
- 環境省 HP　http://www.env.go.jp/policy/hakusyo/s58/index.html
- グローバル・コンパクト・ネットワーク・ジャパン HP　http://ungcjn.org/index.html
- 農林水産省 HP　http://www.maff.go.jp
- UNESCO HP　http://www.unesco.or.jp

索　引

英　数

ACGIH ……………………………… 53
AI …………………………………… 2
AIB フードセーフティ監査および監査
　システム ………………………… 127
Atoms for Peace …………………… 62
BRIICS ……………………………… 17
CAA ……………………………… 86, 87
CDP ………………………………… 10
CFRP ……………………………… 145
CNF ………………………………… 145
CSV ………………………………… 7
CVM ……………………………… 155
FSB ………………………………… 18
G20 ………………………………… 16
GFSG ……………………………… 17
GIAHS …………………………… 150
GPIF ………………………………… 10
HACCP …………………………… 127
IGCC ……………………………… 40
IPCC ……………………………… 58
ISO22000 ………………………… 127
IUCN ……………………………… 69
LED ……………………………… 116
LMO ……………………………… 43
LRT ……………………………… 132
LRV ……………………………… 132
MDGs ……………………………… 6
MIT ………………………………… 27
OPEC …………………………… 107
PFI ……………………………… 166
PM ………………………………… 27
PRTR ……………………………… 55
REACH 規制 ……………………… 54
RPS ……………………………… 107
SRI ………………………………… 9
TSCA ……………………………… 54
UNEP ……………………………… 69
WBCSD ………………………… 163
WWF ……………………………… 69

あ　行

アインシュタイン ………………… 5
アドライ・スチーブンソン ……… 29
アレニウス ……………………… 175
アンソニー・アラン ……………… 50
イタイイタイ病 …………………… 26
一般廃棄物 ………………………… 79
遺伝子組換え ……………………… 3
遺伝資源へのアクセスと利益配分 …… 38
ウィンズケール ………………… 111
ウォーターフットプリント ……… 50
ウォーレス・ブロッカー ………… 93
宇宙条約 …………………………… 39
宇宙船地球号 ……………………… 28
エコシティ ……………………… 130
エコポリス ……………………… 130
エネルギー供給構造高度化法 …… 14
エルンスト・U. フォン・ワイツゼッカー
　………………………………… 176
エンドオブパイプ ……………… 170
エンリコ・フェルミ ……………… 5
オットー・ハーン ………………… 5

か　行

カーボン・ディスクロージャー・プロ
　ジェクト ………………………… 10
カーボンニュートラル ………… 126
化学物質過敏症 …………………… 92

カスケードリサイクル……………143
家電リサイクル法………………139
カルタヘナ議定書………………43
ガレット・ハーディン……………30
環境効率……………………………163
環境と開発に関するリオ宣言……74
気候変動に関する国際連合枠組み条約
　………………………………12, 74
京都議定書…………………………12
金融安定化フォーラム……………18
クボタショック……………………160
熊本水俣病…………………………25
グリーン・コンシューマー・ガイド…72
グリーン経済………………………76
グリーンファイナンス……………16
グリーンボンド……………………16
グローバル・フットプリント・ネット
　ワーク……………………………50
グローバルコンパクト………………7
経済調和条項………………………24
原子力規制委員会設置法…………62
原子力基本法………………………57
光害対策ガイドライン……………56
公害対策基本法……………………24
公共の福祉…………………………24
幸福度………………………………75
国際宇宙ステーション……………40
国際捕鯨取締条約…………………102
国連海洋法条約……………………154
国連環境と開発に関する会議……74
国連持続可能な開発会議…………74
国連食糧農業機関…………………59
国連責任投資原則…………………10
国連人間環境会議…………………28
コフィー・アナン……………………6
コンパクトシティ…………………16

さ　行

ザ・コーヴ…………………………42
再生可能エネルギー特別措置法…14
サマーズメモ………………………122
産業廃棄物…………………………79
酸性雨………………………………14
三方よし……………………………10
シーア・コルボーン………………155
持続可能な開発………………………5
シックハウスシンドローム………92
シビアアクシデント………………60
ジュールス・プリティ……………41
ジョージ・ガモフ…………………34
食品衛生法…………………………63
ジョン・エルキントン……………72
ジョン・ミューア…………………148
水平リサイクル……………………142
スーパーファンド法………………12
スチュワードシップ・コード……32
ストロマトライト…………………36
スマートグリッド…………………13
スマートシティ……………………16
スローフード………………………128
製造物責任…………………………159
成長の限界……………………………5
生物の多様性に関する条約……43, 74
世界の文化遺産および自然遺産の保護
　に関する条約……………………71
説明責任……………………………168

た　行

ダボス会議……………………………6
チューリップバブル………………31
電気事業法…………………………14
特定外来生物による生態系等に係る被
　害の防止に関する法律…………102
土壌汚染対策法…………………12, 88

ドッド・フランク法……………………………61

な 行

ナイロビ会議……………………………………57
ナイロビ宣言……………………………………59
ナノテクノロジー………………………………49
南極条約…………………………………………39
新潟水俣病………………………………………25
日本工業規格……………………………………53
日本遺産…………………………………………150
燃料電池車………………………………………116

は 行

バーゼル条約……………………………………139
廃棄物の処理及び清掃に関する法律…79
バックキャスティング…………………………165
パリ協定…………………………………………17
ビキンオブパイプ………………………………170
ビッグバン理論…………………………………34
フィード・イン・タリフ………………………14
フードマイレージ………………………………129
フーリエ…………………………………………175
フェアトレード…………………………………127
富栄養化…………………………………………3
フォーキャスティング…………………………165
ブルントラント報告……………………………71
紛争鉱物開示規制………………………………61

ま 行

マイクロプラスチック…………………………155

マイケル・E・ポーター………………………9
マスキー法………………………………………86
緑の革命…………………………………………2

や 行

有機農作物………………………………………4
ユネスコ…………………………………………147
容器包装リサイクル法…………………………139
四日市公害………………………………………26

ら 行

ラナ・プラザ崩落事故…………………………126
リーマン・ブラザーズ・ホールディン
　グス……………………………………………13
リーマンショック………………………………31
リチャード・バックミンスター・フラー
　…………………………………………………28
レッドデータリスト……………………………100
労働安全衛生法…………………………………63
労働生産性………………………………………2
ローマクラブ……………………………………27
ローランド………………………………………94
ロハス……………………………………………126

わ 行

割れ窓理論………………………………………156

■著者紹介

勝田　悟（かつだ　さとる）

1960年石川県金沢市生まれ。東海大学教養学部人間環境学科・大学院人間環境学研究科教授。
工学士（新潟大学）［分析化学］，法修士（筑波大学大学院）［環境法］。
職歴：政府系および都市銀行シンクタンク研究所（研究員，副主任研究員，主任研究員，フェロー），産能大学（現 産業能率大学）経営学部（助教授）を経て，現職。
専門分野：環境法政策，環境技術政策，環境経営戦略。社会的活動は，中央・地方行政機関，電線総合技術センター，日本電機工業会，日本放送協会，日本工業規格協会他複数の公益団体・企業，民間企業の環境保全関連検討の委員長，副委員長，委員，アドバイザー，監事，評議員などを務める。

【主な著書】
［単著］
『環境概論　第2版』（中央経済社，2017年［第1版2006年］）
『環境責任　CSRの取り組みと視点―』（中央経済社，2016年）
『生活環境とリスク―私たちの住む地球の将来を考える―』（産業能率大学出版部，2015年）
『環境保護制度の基礎　第三版』（法律文化社，2015年）
『環境学の基本　第二版』（産業能率大学，2013年）
『原子力の環境責任』（中央経済社，2013年）
『グリーンサイエンス』（法律文化社，2012年）
『環境政策―経済成長・科学技術の発展と地球環境マネジネント―』（中央経済社，2018年）
『環境学の基本』（産業能率大学，2008年）
『地球の将来―環境破壊と気候変動の驚異―』（学陽書房，2008年）
『環境戦略』（中央経済社，2007年）
『早わかり　アスベスト』（中央経済社，2005年）
『―知っているようで本当は知らない―シンクタンクとコンサルタントの仕事』（中央経済社，2005年）
『環境保護制度の基礎』（法律文化社，2004年）
『環境情報の公開と評価―環境コミュニケーションとCSR―』（中央経済社，2004年）
『―持続可能な事業にするための―環境ビジネス学』（中央経済社，2003年）
『環境論』（産能大学；現 産業能率大学，2001年）
『―汚染防止のための―化学物質セーフティデータシート』（未来工研，1992年）　など
［共著］
『企業責任と法―企業の社会的責任と法の在り方―〔企業法学会編〕』（文眞堂，2015年）
『―文科系学生のための―科学と技術』（中央経済社，2004年）
『現代先端法学の展開〔田島裕教授記念〕』（信山社，2001年）
『―薬剤師が行う―医療廃棄物の適正処理』（薬業時報社；現 じほう，1997年）
『石綿代替品開発動向調査〔環境庁大気保全局監修〕』（未来工研，1990年）　など

ESGの視点
環境,社会,ガバナンスとリスク

2018年10月15日　第1版第1刷発行

著　者	勝　田　　　悟	
発行者	山　本　　　継	
発行所	㈱中央経済社	
発売元	㈱中央経済グループ パブリッシング	

〒101-0051　東京都千代田区神田神保町1-31-2
　　　　　電話　03 (3293) 3371 (編集代表)
　　　　　　　　03 (3293) 3381 (営業代表)
　　　　　　http://www.chuokeizai.co.jp/
　　　　　印刷／昭和情報プロセス㈱
　　　　　製本／㈲井上製本所

©2018
Printed in Japan

＊頁の「欠落」や「順序違い」などがありましたらお取り替えいたしますので発売元までご送付ください。(送料小社負担)

ISBN978-4-502-28231-7　C3034

JCOPY〈出版者著作権管理機構委託出版物〉本書を無断で複写複製 (コピー) することは,著作権法上の例外を除き,禁じられています。本書をコピーされる場合は事前に出版者著作権管理機構 (JCOPY) の許諾を受けてください。
JCOPY〈http://www.jcopy.or.jp　eメール：info@jcopy.or.jp　電話：03-3513-6969〉

本書をおすすめします

環境概論 〔第2版〕
A5判・208頁

環境を学ぶことは環境被害への対処と悪影響を回避するために不可欠である。本書は、人と自然の関係を理解することに主眼を置きながら、環境問題の現状を説明するとともに社会システムによる解決策を考える。

環境責任
ＣＳＲの取り組みと視点

A5判・204頁

CSRとしての環境活動の進展は、攻めと守りの戦略を実施しなければ持続可能な発展は望めない。本書は、「環境責任」に関する基本的な動向を踏まえて、将来のあり方を解析する。

環境政策
経済成長・科学技術の発展と地球環境マネジメント

A5判・196頁

環境問題を人類の歴史から説き起こし、環境被害の予防・改善、エネルギー政策、鉱物資源政策、農業政策、企業の環境経営と環境政策の関わりについて、多方面から詳細に説く。

環境戦略
A5判・220頁

人類生存の選択権を将来の世代に受け継ぐための手段として、企業が主体的に環境戦略を確立する必要性と重要性をさまざまなデータに基づき提唱。環境保全・環境経営の現状を捉えつつ、企業が取るべき方策について提示する。

中央経済社